数学建模理论与应用研究

赵春燕　李　焱　于存光　◎　著

吉林出版集团股份有限公司

图书在版编目（CIP）数据

数学建模理论与应用研究 / 赵春燕，李焱，于存光
著. — 长春：吉林出版集团股份有限公司，2023.6
ISBN 978-7-5731-3532-2

Ⅰ. ①数… Ⅱ. ①赵… ②李… ③于… Ⅲ. ①数学模
型—研究 Ⅳ. ①O141.4

中国国家版本馆 CIP 数据核字（2023）第 112023 号

数学建模理论与应用研究

SHUXUE JIANMO LILUN YU YINGYONG YANJIU

著　　者	赵春燕　李　焱　于存光	
出版策划	崔文辉	
责任编辑	于媛媛	
封面设计	文　一	
出　　版	吉林出版集团股份有限公司	

　　　　　　（长春市福祉大路 5788 号，邮政编码：130118）

发　　行　吉林出版集团译文图书经营有限公司

　　　　　　（http://shop34896900.taobao.com）

电　　话	总编办：0431-81629909　营销部：0431-81629880/81629900
印　　刷	廊坊市广阳区九洲印刷厂
开　　本	710mm×1000mm　　1/16
字　　数	236 千字
印　　张	11
版　　次	2023 年 6 月第 1 版
印　　次	2023 年 6 月第 1 次印刷
书　　号	ISBN 978-7-5731-3532-2
定　　价	78.00 元

如发现印装质量问题，影响阅读，请与印刷厂联系调换。电话：15901289808

前　言

对于数学模型课程，教学内容的设计是非常重要的。一般来看，数学模型教材的内容大多是案例式教学，按照数学模型用到的数学理论方法，通过各类建模问题的分析过程和建模过程，让学生了解和掌握各种建模方法，丰富完善建模经验。

本书采用案例式的内容模式阐述问题，同时突出以下几个特点：一是对于每个建模条例都强化相应的数学建模思想方法的提炼，通过分析问题、解决问题，更细腻地体现建模过程的细节；二是在一些系列案例中，既突出同一类问题的数学建模方法的共性和差异性，也突出同一种数学建模方法在不同建模问题中的使用；三是利用规范的数学建模思想和方法，分析和解决大学数学课程中的一些应用问题，通过比较浅显的建模问题，使学生能够更容易地理解和接受数学建模的思想和方法，同时也有利于学生更好地利用所学的基本理论方法解决实际应用问题。

本书部分内容取材于相关教材、专著、论文及相关文献。作者希望借助这些已有的理论、结果和方法，体现数学模型建模的思想，从中提炼出有价值的内容，帮助读者用数学建模的思想形式来理解已有的理论与方法，在此向被引用的参考资料的作者表示诚挚的感谢。

目　录

第一章　数学建模概述

第一节　数学模型简介

一、数学模型产生的背景

自人类萌发了认识自然之念、幻想着改造自然之时，数学便一直成为人们手中的有力武器。牛顿的万有引力定律、伽利略发明的望远镜让世界震惊，其关键的理论工具竟是数学。然而，社会的发展使数学日益脱离自然的轨道，逐渐发展成高深莫测的"专项技巧"。数学被神化，同时，又被束之高阁。

近半个世纪以来，数学的形象有了很大的变化。数学不再是数学家和少数物理学家、天文学家、力学家等人手中的神秘武器，它越来越深入地应用到各行各业之中，几乎在人类社会生活的每个角落展示着它的无穷威力。这一点尤其表现在生物、政治、经济以及军事等数学应用的非传统领域。数学不再仅仅作为一种工具和手段，而日益成为一种"技术"参与到实际问题中。近年来，随着计算机的不断发展，数学的应用更是得到突飞猛进的发展。

利用数学方法解决实际问题时，首先要进行的工作是建立数学模型，然后才能在此模型的基础上对实际问题进行理论求解、分析和研究。需要指出的是，虽然数学在解决实际问题时会起到关键的作用，但数学模型的建立却要符合实际的情况。如果建立的模型本身与实际问题相差甚远，那么，即使在理论分析中采用怎样巧妙的数学处理，所得到的结果也会与实际情况不符。因此，建立一个较好的数学模型乃是解决实际问题的关键之一。

二、数学模型的概念

或许我们对客观实际中的模型并不陌生。敌对双方在某地区作战时，都务必要有这个地区的主体作战地形模型；在采煤开矿或打井时，我们需要描绘本地区地质结构的地质图；出差或旅游到外地，总要买一张注明城市中各种地名以及交通路线的交通图；编计算机程序，往往要先画框图。我们看到，这些图都能简单又很明了地说明我们所需要的事物的特性，从而帮助我们顺利地解决各种实际问题。

模型在我们的生活中也是无处不在的。进入科技展厅，我们会看到水电站模型、人造卫星模型；游逛魔幻城，我们会面对各种几乎逼真的模拟物惊诧万分；为了留念，我们会同美丽的风景一起留在照片上；还有各种动物或飞机、汽车等儿童玩具，这些以不同方式被缩小的客观事物都是我们生活中极平常的模型。

一般地说，模型是我们所研究的客观事物有关属性的模拟。它应当具有事物中我们关心和需要的主要特性。

当然，数学模型较以上实物模型或形象模型要复杂和抽象得多。它是运用数学的语言和工具，对部分现实世界的信息（现象、数据等）加以翻译、归纳的产物。数学模型经过演绎、求解以及推断，给出数学上的分析、预报、决策或控制，再经过翻译和解释，回到现实世界中。最后，这些推论或结论必须经受实际的检验，完成实践——理论——实践这一循环（如图 1-1 所示）。如果检验的结果是正确的，即可用来指导实际，否则，要重新考虑翻译、归纳的过程，修改数学模型。

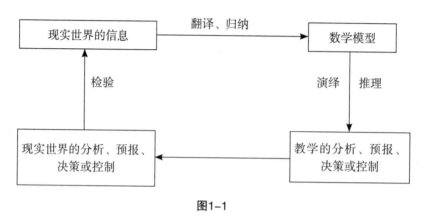

图1-1

作为一种数学思考方法，数学模型是对现实对象通过心智活动构造出的一种能抓住其重要而且有用的（常常是形象化的或者是符号的）表示。更具体地说，它是指对于现实世界的某一特定对象，为了某个特定目的，做出一些必要的简化和假设，运用适当的数学工具得到的一个数学结构。它或者能解释特定现象的现实形态，或者能预测对象的未来状况，或者能提供处理对象的最优决策或控制。

第二节　数学建模

一、什么是数学建模

数学建模是指对现实世界的一特定对象，为了某一特定目的，做出一些重要的简化和假设，运用适当的数学工具得到的一个数学结构，用它来解释特定现象的现实形态，预测对象的未来状况，提供处理对象的优化决策和控制，设计满足某种需要的产品等。

最近几十年，随着各种科学技术尤其是计算机技术的发展，数学正以其神奇的魅力进入各种领域。它的功效显著，其解决问题的卓越能力甚至使它渗透到一些非物理领域，诸如交通、生态、社会学等。数学作为一种"技术"，日益受到人们的重视。

在新的形势下，大学的数学教学也面临着改革。为了使毕业生尽快地适应工作岗位，能够较好地解决各种实际问题，数学课程的设置不能仅仅只为了教会学生们一些数学的定理和方法，更重要的是，要教会他们怎样运用手中的数学武器去解决实际中的问题，这便是数学建模这门课程的目的。作为一门新型的学科，数学建模正日益焕发出其独特的魅力。

二、数学建模的一般步骤

建立数学模型的过程大致可以分为以下几个步骤：

1. 前期准备工作

了解问题的实际背景，明确建模目的，收集掌握必要的数据资料。这一步骤可以看成是为建立数学模型而做的前期准备工作。

如果对实际问题没有较为深入的了解，就无从下手建模。而对实际问题的了解，有时还需要建模者对实际问题作一番深入细致的调查研究，就像第谷观察行星的运动那样，去搜集和掌握第一手资料。

2. 提出若干符合客观实际的假设

在明确建模目的，掌握必要资料的基础上，通过对资料的分析计算，找出起主要作用的因素，经必要的精炼、简化，提出若干符合客观实际的假设。

本步骤实为建模的关键所在，因为其后的所有工作和结果都是建立在这些假设的基础之上的。也就是说，科学研究揭示的并非绝对真理。它揭示的只是假如这些提出的假设是正确的，那么，我们可以推导出一些什么样的结果。

3. 建立数学模型

在作假设的基础上，利用适当的数学工具去刻画各变量之间的关系，建立相应的数学结构，即建立数学模型。

采用什么数学结构、数学工具要看实际问题的特征，并无固定的模式。可以这样讲，几乎数学的所有分支在建模中都有可能被用到，而对同一个实际问题也可用不同的数学方法建立起不同的数学模型。一般地讲，在能够达到预期目的的前提下，所用的数学工具越简单越好。

4. 模型求解

为了得到结果，不言而喻，建模者还应当对模型进行求解。根据模型类型的不同特点，求解可能包括解方程、图解、逻辑推理、定理证明等不同的方面。在难以得出解析解时，还应当借助计算机来求出数值解。

5. 模型的分析与检验

正如前面所讲，用建立数学模型的方法来研究实际课题，得到的只是假如给出的假设正确，就会有什么样的结果。那么，假设正确与否或者是否基本可靠呢？建模者还应当反过来用求解得到的结果来检验它。

建立数学模型的目的是认识世界、改造世界，建模的结果应当能解释已知现象，预测未来的结果，提供处理研究对象的最优决策或控制方案。

实践是检验真理的唯一标准，只有经得起实践检验的结果才能被人们广泛地接受。牛顿的万有引力定律不仅成功地解释了大量的自然现象，并精确地预报了哈雷彗星的回归并预言了海王星、冥王星等当时尚未被发现的其他行星的存在，才奠定了其作为经典力学基本定理之一的稳固地位。

由此可见，模型求解并非建模的终结，模型的检验也应当是建模的重要步骤之一。

只有在证明了建模结果是经得起实践检验的以后，建模者才能认为大功基本告成，完成了自己预定的研究任务。

如果检验结果与事实不符，只要不是在求解中存在推导或计算上的错误，那就应当检查分析在假设中是否有不合理或不够精确之处，发现后应修改假设重新进行建模，直到结果满意为止。

三、数学模型的分类

基于不同角度或不同目的，数学模型可以有多种不同的分类法。

1. 根据人们对实际问题了解的深入程度不同分类

根据人们对实际问题了解的深入程度不同，其数学模型可以归结为白箱模型、灰箱模型和黑箱模型。

假如我们把建立数学模型研究实际问题比喻成一只箱子，通过输入数据（信息），建立数学模型来获取我们原先并不清楚的结果。

如果问题的机理比较清楚，内在的关系较为简单，这样的模型就被称为白箱模型。

如果问题的机理极为繁杂，人们对它的了解极其肤浅，几乎无法加以精确的定量分析，这样的模型就被称为黑箱模型。

而介于两者之间的模型，则被称为灰箱模型。

当然，这种分类方法是较为模糊的，是相对而言的。况且，随着科学技术的不断进步，今天的黑箱模型明天也许会成为灰箱模型，而今天的灰箱模型不久也可能成为白箱模型。因此，对这样的分类我们不必过于认真。

2. 根据模型中变量的特征分类

模型又可分为连续型模型、离散型模型或确定性模型、随机型模型等。

根据建模中所用到的数学方法分类，又可分为初等模型、微分方程模型、差分方程模型、优化模型等等。

此外，对一些人们较为重视或对人类活动影响较大的实际问题的数学模型，常常也可以按研究课题的实际范畴来分类，例如人口模型、生态模型、交通流模型、经济模型、社会模型、军事模型等等。

第三节　数学建模与能力的培养

在高等院校开设数学建模课的主要目的并非简单地传授数学知识而是为了提高学生的综合素质，增强他们应用数学知识解决实际问题的本领。

因此，在学习数学建模时，学生应当特别注意自身能力的培养与锻炼。要想知道梨子的滋味是酸的还是甜的，你必须亲口去尝一下；要想知道如何建模，除了学习基本技能与基本技巧之外，更重要的是应当参与进来，在建模实践中获得真知。

一、数学建模实践的每一步中都蕴含着对能力的锻炼

在调查研究阶段，需要用到观察能力、分析能力和数据处理能力等。在提出假设时，又需要用到想象力和归纳简化能力。实际问题是十分复杂的，既存在着必然的因果关系也存在着某些偶然的因果关系，这就需要我们能从错综复杂的现象中找出主要因素，略去次要因素，确定变量的取舍并找出变量间的内在联系。

二、假设条件通常是围绕着两个目的提出的

一类假设的提出是为了简化问题、突出主要因素，而另一类则是为了应用某些数学知

识或其他学科的知识。但不管哪一类假设，都必须尽可能符合实际，既要求做到不失真或少失真又要能便于使用数学方法处理，两者还应尽可能兼顾。

三、研究应当是前人工作的继续

此外，我们的研究应当是前人工作的继续，在真正开始自己的研究之前，还应当尽可能先了解一下前人或别人的工作，使自己的工作真正成为别人研究工作的继续而不是别人工作的重复。这就需要你具有很强的查阅文献资料的能力。你可以把某些已知的研究结果用作你的假设，即"站在前人的肩膀上"，去探索新的奥秘。

牛顿导出万有引力定律所用的假设主要有四条，即开普勒的三大定律和牛顿第二定律，他所做的工作表明，如果这些假设是对的，如果推导过程也是正确的，那么万有引力定律也是对的。事实上，我们也可以由万有引力定律反过来推导出开普勒的三大假设。因而，万有引力被验证是正确的，也同样引证了开普勒三大定律和牛顿第二定律的正确性。总之，在提出假设时，你应当尽量引用已有的知识，以避免做重复性的工作。

四、建模求解阶段是考验你数学功底和应变能力的阶段

你的数学基础越好，应用就越自如。但学无止境，任何人都不是全才，想学好了再做，其结果必然是什么也做不成。因此，我们还应当学会在尽可能短的时间内查到并学会想要应用的知识的本领。

在参加数学建模竞赛时，常常遇到这样的情况，参赛的理工科学生感到模拟实际问题的特征似乎需要建立一个偏微分方程或控制论模型等，他们并没有学过这些课程，竞赛时间又仅有三四天（允许查资料和使用一切工具）。为了获得较好的结果，他们只用了两三个小时就基本搞懂了他们所要使用的相关知识并用进了他们的研究工作中，并最终夺得了优异成绩。这些同学在建模实践中学会了快速汲取想用的数学知识的本领（即"现学现用"的本领），这种能力在实际工作中也是不可缺少的。

五、应变能力包括灵活性和创造性

牛顿在推导万有引力定律时发现原有的数学工具根本无法用来研究变化的运动，为了研究工作的需要，他花了九年的时间创建了微积分。当然，人的能力各有大小，不可能每个人都成为牛顿，不可能要求人人都去做如此重大的创举。但既然你在从事研究工作，多多少少总会遇到一些别人没有做过的事，碰到别人没有碰到过的困难，因而，也需要你多多少少要有点创新的能力。

这种能力不是生来就有的，建模实践就为你提供了一个培养创新能力的机会。俗话说得好：初生牛犊不怕虎。青年学生最敢于闯，只要你们善于学习、勇于实践，创新能力会很快得到提高。

当然，要出色地完成建模任务还需要用到许多其他的能力，譬如设计算法、编写程序、熟练使用计算机的能力，撰写研究报告或研究论文的能力，熟练应用外语的能力等等。所以，学习数学建模和参加建模实践，实际上是一个对综合能力、综合素质的培养和提高的过程。

参赛获奖并不是我们的目的，提高自己的素质和能力才是我们宗旨。从这一意义上讲，只要你真正努力了，你就必定是一个成功的参与者。"昨夜西风凋碧树，独上高楼，望尽

天涯路；衣带渐宽终不悔，为伊消得人憔悴；众里寻他千百度，蓦然回首，那人却在灯火阑珊处。"这也正是数学建模的真实写照。

下面，让我们举一些简单的实例来说明数学建模中涉及的某些能力的培养和提高。读者在看每一个实例的解答以前，应当先自行给出解答，看看你的解答是否更好。如果你觉得你的解答比书中的解答更好，想一想好在何处。

1. 想象力的应用

想象力是我们人类特有的一种思维能力，是人们在原有知识的基础上，将新感知的形象与记忆中的形象相互比较、重新组合、加工处理，创造出新形象的能力。爱因斯坦曾说过，"想象力比知识更重要，因为知识是有限的，而想象力概括着世界上的一切，推动着进步，并且是知识进化的源泉。"

例 1. 某人平时下班总在固定时间到达某处，然后由他的妻子开车接他回家。有一天，他比平时提早了 30 分钟到达该处，于是此人就沿着妻子来接他的方向步行回去并在途中遇到了妻子。这一天，他比平时提前了 10 分钟回到家，问此人总共步行了多长时间？

这是一个测试想象能力的简单题目，根本不必作太多的计算。

粗略一看，似乎会感到条件不够，无法回答。但你只要换一种想法，问题就会迎刃而解了。假如他的妻子遇到他以后载着他仍旧开往会合地点，那么这一天他就不会提前回家了。提前的 10 分钟时间从何而来？显然是节省了从相遇点到会合点，又从会合点返回相遇点这一段路的缘故。往返需要 10 分钟，则由相遇点到会合点需要 5 分钟。而此人提前了 30 分钟到达会合点，故相遇时他已步行了 25 分钟。

当然，在解答中也隐含了许多假设：此人的妻子像平时一样，准备按时到达会合地点；汽车在路上行驶时做匀速运动；相遇时开门上车时间很短，可以忽略不计等。

例 2. 学校组织乒乓球比赛，共有 100 名学生报名参加，比赛规则为淘汰制，最后产生出一名冠军。问要最终能产生冠军，总共需要举行多少场比赛？

解：第一轮要进行 50 场比赛，剩下 50 位同学；

第二轮要进行 25 场比赛，剩下 25 位同学；

第三轮要进行 12 场比赛，1 位同学轮空，剩下 13 名同学；

第四轮要进行 6 场比赛，1 位同学轮空，剩下 7 位同学；

第五轮要进行 3 场比赛，1 位同学轮空，剩下 4 位同学；

第六轮要进行 2 场比赛，剩下 2 位同学；

第七轮要进行 1 场决赛，产生一位冠军。

共举行的比赛场数为 50+25+12+6+3+2+1=99 场。

这是常规的计算方法，事实上，我们也可以换一种方法来思考这一问题。由于淘汰赛的特殊性，进行一场淘汰赛必然淘汰一人，反过来，淘汰一人也必须举行一场淘汰赛，这就是我们数学中的一一对应关系。现在我们要从 100 位同学中产生一位冠军，众所周知，要淘汰 99 位同学才能产生最后的冠军，因此比赛总场次应为 99。

2. 发散性思维、创新能力的培养

数学建模中经常需要用到创新思维或发散性思维。这里的发散性思维是相对于"一条道跑到黑"的收敛性思维方式而言的，并非贬义词。所谓发散性思维，是指针对同一个问题，沿着不同的方向去思考，不同角度、不同侧面地对所给信息或条件加以重新组合，横向拓展思路，纵向深入探索研究，逆向反复比较，从而找出多种合乎条件的可能答案、结论或假说的思维过程和方法，这就是我们通常所说的"条条大路通罗马"。

3. 提出建模假设的技巧

例如餐馆每天都要洗大量的盘子。为了方便，某餐馆是这样清洗盘子的，先用冷水粗粗洗一下，再放进热水池洗涤。水温不能太高，否则会烫手，但也不能太低，否则洗不干净。由于想节省开支，餐馆老板想了解一下一池热水到底应当洗多少盘子，请你帮助他建模分析一下这一问题。

分析：看完问题你已经完全了解情况了吗？我们认为可能还需要再调查了解一些具体情况。例如，盘子有大小吗，是什么样的盘子？盘子是怎样洗涤的等等。因为不同大小、不同材料的盘子吸热量是不同的，不同洗涤方法盘子吸的热量也不相同。假设我们了解到，盘子大小相同，均为瓷质菜盘。为了清洗得干净一点，洗涤时先将一叠盘子浸泡在热水中，然后一一清洗。

你还应当再分析一下，是什么因素在决定着洗盘子的数量呢？根据题意不难看出，是水的温度。盘子是先用冷水洗过的，其后可能还会再用清水冲洗，更换热水的原因并非因为水太脏了，而是因为水不够热了。那么热水为什么会变冷呢？也许你能找出许多原因：盘子吸热带走了热量，水池吸热，空气吸热并传播散发热量等等。此时，你的心中可能已经在盘算该建一个怎么样的模型了？假如你想建一个比较精细的模型，你当然应当把水池、空气等吸热的因素都考虑进去，这样，你毫无疑问地要用到偏微分方程了。这样做的话无论是建模还是求解，都会有一定的难度。但餐馆老板的原意只是想了解一下一池热水平均大约可以洗多少盘子，你这样做是不是有点自找苦吃，有"杀鸡用牛刀"之嫌呢？如此看来，你不如建一个稍粗略点的模型，作一个较为粗糙的分析。由于在吸热的诸因素中盘子吸热是最主要的（热水一池一池地换，池子和空气可以近似地看成处于热平衡状态之中）。此外，题目还告诉我们，该餐馆在洗盘子时盘子还在热水中浸泡过一段时间。于是，你不妨提出以下一些简化假设：

（1）水池和空气的吸热不计，只考虑盘子吸热，盘子的大小、材料相同；

（2）盘子的初始温度与气温相同，洗完后的温度与水温相同；

（3）水池中的水量为常数，开始时水温为 T_1，最终换水时水温为 T_2；

（4）每个盘子的洗涤时间 ΔT 是一个常数。（这一假设甚至可以去掉不要）

根据上述简化假设，利用热量守恒定律，餐馆老板的问题就变得很容易回答了，当然，你还应当调查一下一池水的质量是多少，查一下瓷盘的吸热系数和质量等。

从以上分析可以看出，假设条件的提出不仅和你研究的客观实体有关，还和你准备利用哪些知识、准备建立什么样的模型以及你准备研究的深入程度有关，即在你提出假设后，建模的框架已经基本搭好了。

4. 严密的逻辑推理

古希腊学者亚里士多德所创立的逻辑推理体系，已经成为人类揭开客观世界的本质以及规律的极其重要的思维活动形式。它几乎渗透到人类获取所有新理论和新知识的每一个过程中。近代科学家伽利略正是用这套逻辑推理方法，推翻了亚里士多德提出的关于"物体落下的速度与重量成比例"的错误推断。伽利略巧妙地提出：如果把一个重物与一个轻物绑在一起，结果将怎样呢？根据亚里士多德的"逻辑"，"重物下落快，轻物下落慢"，那么轻重两物绑在一起后，原先下落快的要被拖着变得慢一些，而下落慢的将被拉着变得快一些。这样，轻重两物绑在一起后，其下落速度应当比原先单个重物下落得慢而比原先单个轻物下落得快。但是，另一方面，按亚里士多德的重物下落快的"逻辑"，那么将轻物与重物绑在一起，捆绑物应比原先单个重物还要重，下落速度应该更快才对。这样，亚里士多德原来的论断就自相矛盾、漏洞百出了。

科学家尚会由于种种因素出现一些差错，对于普通人，出现这样那样的错误更是不可避免的了。下面就是一个因推导过程不严密而得出荒谬结论的例子。

第四节　初等模型实例

初等模型是指用较简单初等的数学方法建立起来的数学模型。对于数学建模，判断一个模型的优劣完全在于模型的正确性和应用效果，而不在于采用多少高深的数学知识。在同样的应用效果下，用初等方法建立的数学模型可能更优于用高等方法建立的数学模型。本节运用初等数学的方法，通过几个实例给出数学建模的基本过程。

一、椅子能在不平的地面上放稳吗?

把椅子往不平的地面上一放，通常只有三只脚着地，放不稳，然而只要稍挪动几次，就可以四脚着地，放稳了。下面证明之。

（1）模型假设

对椅子和地面都要作一些必要的假设：

a.椅子四条腿一样长，椅脚与地面接触可视为一个点，四脚的连线呈正方形，如图1-2所示。

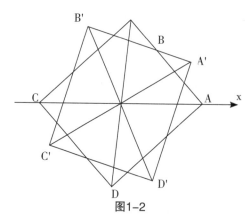

图1-2

b.地面高度是连续变化的，沿任何方向都不会出现间断（没有像台阶那样的情况），即地面可视为数学上的连续曲面。

c.对于椅脚的间距和椅脚的长度而言，地面是相对平坦的，使椅子在任何位置至少有三只脚同时着地。

（2）模型建立

首先用变量表示椅子的位置，由于椅脚的连线呈正方形，以中心为对称点，正方形绕中心的旋转正好代表了椅子的位置的改变，于是可以用旋转角度 θ 这一变量来表示椅子的位置。

其次要把椅脚着地用数学符号表示出来。如果用某个变量表示椅脚与地面的竖直距离，当这个距离为 0 时，表示椅脚着地了。椅子要挪动位置说明这个距离是位置变量的函数。

由于正方形的中心对称性，只要设两个距离函数就行了，记 A、C 两脚与地面距离之和为 $f(\theta)$，B、D 两脚与地面距离之和为 $g(\theta)$，显然 $f(\theta)$、$g(\theta) \geq 0$，由假设 b 知 f、g 都是连续函数，再由假设 c 知 $f(\theta)$、$g(\theta)$ 至少有一个为 0。当 $\theta=0$ 时，不妨设 $g(\theta)=0$，$f(\theta)>0$，这样改变椅子的位置使四只脚同时着地，就总结为如下命题：

命题 1 已知 $f(\theta)$、$g(\theta)$ 是的连续函数，对任意 θ，$f(\theta)*g(\theta)=0$，且 $g(0)=0$，$f(0)>0$，则存在 θ_0，使 $f(\theta 0)=g(\theta_0)=0$。

（3）模型求解

将椅子旋转 90°，对角线 AC 和 BD 互换，由 $g(0)=0$，$f(0)>0$ 可知 $g(\pi/2)>0$，$f(\pi/2)=0$，令 $h(\theta)=g(\theta)-f(\theta)$，则 $h(0)>0$，$h(\pi/2)<0$，由 f、g 的连续性知 h 也是连续函数。由零点定理，必存在 $\theta_0(0<\theta_0<\pi/2)$ 使 $h(\theta_0)=0$，$f(\theta_0)=g(\theta_0)$。由 $f(\theta)*g(\theta)=0$，所以 $f(\theta_0)=g(\theta_0)=0$。

（4）评注

模型巧妙在于用变量 θ 表示椅子的位置，用 θ 的两个函数表示椅子四脚与地面的距离。利用正方形的中心对称性及旋转 90° 并不是必需的，同学们可以考虑四脚呈长方形的情形。

二、穿高跟鞋真使人觉得更美些吗?

美是一种感觉，本应没有什么标准。但是在自然界里，物体形状的比例却提供了在匀称与协调上一种美感的参考。在数学上，这个比例被称之为黄金分割。在线段 AB 上，若要找出黄金分割的位置，可以设分割点为 G，则点 G 的位置符合以下特性：$AB : AG=AG : GB$。

设 $AB=1$，$AG=x$，则 $1 : x=x : (1-x)$，即 $x^2+1 \cdot x-1^2=0$ 解后舍去负值，得 $x\approx0.618$ 1。由此求得黄金分割点的位置为线长的 0.618。在人体的躯干与身高的比例上，肚脐是理想的黄金分割点。换言之，若此比值越接近 0.618，越给予别人一种美的感觉。很可惜，一般人的躯干（由脚底至肚脐的长度）与身高比都低于此数值，大约只有 0.58 至 0.60（脚长的人会有较高的比值）。

为了方便说明穿高跟鞋所产生的美的效应，假设某女的原本躯干与身高比为 0.60，即 $x : 1=0.60$，若其所穿的高跟鞋的高度为 d（量度单位与 x、1 相同），则新的比值为：

$$(x+d) : (1+d) = (0.601+d) : (1+d)$$

如果该位女士身高为 1.60 米，则下表显示出高跟鞋怎样改善了脚长与身高的比值：

原本躯干与身高比值	身高/cm	高跟鞋高度/cm	穿了高跟鞋后的新比值
0.60	160	2.54	0.606
0.60	160	5.08	0.612
0.60	160	7.62	0.618

由此可见，女士们相信穿高跟鞋使她们觉得更美是有数学根据的。不过，正在发育成长中的女孩子还是不穿为妙，以免妨碍了身高的正常增长。何况，穿高跟鞋是要付出承受身体重量使脚部不适的代价。若真的需要提高脚长与身高比值，不穿高跟鞋也可跳芭蕾舞吧?

第二章　数学模型建模方法概论及常用方法

第一节　数学模型建模方法概论

从广义上讲，数学模型是指针对或者参照某种事物系统或过程（这是数学模型的原型，是我们分析、说明数学模型方法的基础和背景）的特征及数量相依关系，采用形式化的数学语言，概括地或近似地表达出来的一种数学结构。

从这个方面上讲，数学中的概念、公式、定理、各个数学分支都是数学模型。它们都是对客观存在的数量规律、数量关系以及空间形式的合理的数学刻画与模拟反映。

具体来讲，数学模型是由数字、字母或其他数学符号组成的，描述现实对象数量关系和数量规律的数学公式、图形或算法。数学模型作为一种数学方法有如下的特征：数学模型方法是对现实中的一个特定的对象、系统，为了某种特定的目的，根据其内在的规律、联系，进行必要的简化、假设、增减、特殊化、一般化等，并运用合适的数学工具，得到一个适当的数学问题，然后对其进行求解、分析、验证和扩展等。

建立数学模型的一般方法和步骤如下。

步骤1　模型准备

首先，必须了解问题的客观实际背景。因为数学建模实际上是要做某种实际工作，是要运用数学方法进行求解、分析、论证，因此必须了解实际的工作过程，这是进行数学建模的重要依据和指南。要清晰地知道所研究系统的组成成分、对象、事物、现象，以及由它们组成的某些局部子系统，完整地掌握系统或者事物运动、变化、操作的全过程和各个局部过程，能充分地想象出系统和过程可能的全部形态、形式，直到总过程的所有可能的结果、经过的各个环节及最终的存在状态。还要知道总过程下可能的某些子过程和局部过程。

其次，必须明确问题的目标，也就是必须想象出所要解决问题的可能的结果形式和可能的状态，明确最后结果的数据形式。如某些潜在可选数值的最大值或最小值、某种函数变量、某种数列、某种函数方程或微分方程或差分方程、某种矩阵、某种图形等。也就是说，应当动态地把问题的客观过程、系统，清晰地在大脑中反映出来，知道求什么？要分辨什么？明确问题的条件和各种可以利用的数据信息。

要根据问题的目标，确定必须知道的各种数据信息，并给予适当的技术处理，即做数据变换，以便于应用。这样我们才能选择适当类型的数学模型，并对其进行表达、描述，形成规范的数学结构和问题。

步骤2　模型假设

根据对象的特征和建模目的，我们能大致确定建立的模型类型。但是由于出发点不同，或者观察对待问题的角度和方面的不同，因此引用的数学概念、数学理论也会不同，有时甚至可能是完全不同的数学概念。不管采用什么样的模型，都要求它尽可能地接近实际状况，同时也要求能够利用现有的数学工具，方便地求解。而这取决于问题的条件和目标，因此需要对模型的构成做出合理的、科学的假设。

模型假设是对系统中的有关成分和事物的存在形态、几何形状、所处的环境等设定出比较特殊的情况，如对称化、几何形状特殊化、直线化、有限化、等分化等。而对于过程则可以使其均匀化、线性化、规律化等。模型假设有时体现出我们设想出来的一种理想形态，这种理想形态往往需要参考我们已经掌握的数学理论，对问题背景进行特殊化理解和处理；有时需要将系统分解为若干子系统和局部系统，将过程分解为若干子过程。

进行模型假设时要注意它的合理性和适度性，如果假设得太特殊，所建立的模型会与实际情形相差太大，也不容易进行模型的推广和运用，因此我们可以循序渐进地从特殊到一般进行假设。

模型假设是数学建模非常重要的一个环节，它本身就是对系统或过程的全面认识，是客观情况的某种近似或抽象形态。在建模过程中应当循序渐进，从最简单的情况入手，逐步近似、逼近实际情形。在充分利用全部各种数据的基础上，对问题进行适当的分化、分段、分类，尽量进行准确的数据计算、对比，根据每一类数学模型的特点：模型要达到的认识目的，需要的条件、问题的基本形式，最后的结果形式等，能做多少就做多少，但是需要不断改进模型的精确度，使所建立的数学模型能够更好地符合实际事物系统的内在构成和相互关系、规律。

步骤3　模型构成与建立

有了模型分析和模型假设以后，就要将实际问题表示成准确的数学问题形式，形成关系明确完整的数学模型，这就是模型构成。模型的构成要根据对象的内在规律、相互联系、平衡关系、递推规律、条件限制、总和表示等构造出各种量（变量和常量）之间的等式及不等式关系，或者其他结构形式，有时可以把若干等式关系统一成矩阵等式或方程组形式等。另外，还要充分利用有关专业领域中的规律、原理、性质等来分析和建立等式及不等式。

模型构成中更重要的是确定求解目标的形式，将目标用具体数学形式表现出来，如求某类状态的最大值或最小值问题。首先确定某种数值的变化过程即函数，并对某组对象进行分类，找出某些变量之间的对应关系，求出某类对象的数目，最后进行因素的差异性分析，找出影响目标的主要因素，并进行某种合理性及满意度分析等。

明确了上述过程，我们才能选择恰当的数学模型来进行对应表示，进而提出问题，形成数学模型。数学模型的构成要依赖于相关的数学概念、数学理论和数学问题。实际上在进行模型分析和假设时就已经确定了所要建立的数学模型的类型，现在要做的就是将其用具体的数学形式表示。一般情况下，要用已有的概念形式来表示，问题的表述要规范、清晰，如果遇到新问题、新现象，也需要创造性地引进新概念、新方法。

步骤4　模型计算

模型构造完成以后，就需要进行求解、分析、论证。模型的计算可以利用已建立的公式、定理，通过计算机编程进行计算、模拟，也可以利用数学软件计算，如 MATLAB、LINGO、SAS、Mathematica 等。

模型计算是数学模型方法中极为重要的环节。实际上，建立模型的目的就是算出某些数值、某些取值规律或取值范围等。同时，通过试算，也能够发现模型的准确程度、有效性，在不断的修改中完善数学模型，启发建模的思路。在模型计算过程中，对于那些问题庞大、数据繁多的问题，可以进行灵活的处理。

（1）非线性问题先进行线性化处理，再利用线性计算工具进行计算。

（2）将问题进行分层、分解处理：分解为若干个小型的、特殊的、可以利用已有公式计算的形式。

（3）将连续变量转化为离散变量进行计算。

（4）舍去次要因素，将变化不大的变量常数化，将几何形状对称化特殊化，从而进一步简化模型，得到初步粗略的近似结果。

（5）方法的移植。有时可以仿照使用其他领域内的方法、思想，并给出一定创造性的处理手段。

（6）指标的平均化处理。对于需要全面体现的量化数据指标，可以进行平均化处理，即用平均值来替代。

（7）经验数据的科学化处理。与时间有关的数据经常需要改造成时间密度形式，即单位时间内的数量指标；与坐标、几何对象有关的数据也要进行密度化处理，即建立在单位长度、面积、体积下的数量指标。这样往往需要先进行离散阶梯化，再进行拟合连续化。有时还要对数据进行标准化即单位化处理，以便于比较。

模型计算需要扎实的数学理论基础。从实际问题抽象出来的数学形式经常过于复杂，需要进行恰当的集中简化、形式化简、形式分解等处理，有时还要用到很多的数学技巧，也要用到一些专门的数学公式、计算方法、表示形式。有时为了计算、论证某些特殊的数量关系、几何特征、变化规律、表示形式，可能要做出一些猜测，且必须对这些猜测进行论证，这就需要非常扎实的数学论证能力，能够创造性地引入一些重要因素、数学概念，进行论证分析。另外，还需要具备较为广泛的理论基础，能同时利用多个数学分支的数学知识、思想、方法来综合计算。

步骤5　模型结果分析

在得到数学模型的计算结果后，还需要进行结果分析，这是非常必要的。因为我们建立模型的目的就是解决实际问题，所以求出或论证的结果应当符合实际，或者尽量符合实际。因此需要针对实际问题原型的条件，分析所建立的模型是否符合实际情况。

检验的方法如下：

（1）从特殊情形来检验。

（2）根据对问题本身的机理来分析，判断结果是否合理。

（3）做一些试验进行计算机模拟，做出结果的直观显示，动态地分析结果的准确性、科学性。

（4）对原来的问题分析其在条件减少或增加以后，所得结果是否合理，进而来检验原模型的合理性。

（5）对于原来的总过程取其某个阶段进行分析、检验，必要时还要计算大量的具体数据，或考虑无穷趋势，从而来检验模型。

步骤6　模型的推广和使用

对于建立的模型，为了能够解决更一般条件下的实际问题，需要尽可能地将模型进行推广。推广的方式有，将原来局部问题推广至整体范围；将原来某个阶段的问题推广到跨度更大的时间内考虑；将原来考虑的若干情形添加更多的个体进行考虑；改变原来问题的背景、假设、数据形式。模型的推广还包括对原来的模型进行更多的性态分析，考虑更深层次的属性、特征，以期可以解决更多的问题。

第二节　常用的数学模型建模方法

1. 数值描述模型

（1）平均量模型

平均量模型指的是，通过引入和计算变量的平均值，从总体上刻画变量的取值规律和特征的模型。例如，如果以每周为时间周期考察存储费用，由于每周的费用是随机变化的，所以我们可以建立平均每周的费用计算模型。对于确定性的变量取值，其平均量模型可以用算术平均、几何平均、加权平均等平均值模型表示和计算，而对于随机取值的变量，其平均量模型可以用随机变量或随机变量的函数的数学期望模型进行表示和计算。

（2）最大最小量模型

最大最小量模型指的是，在确定某些状态时，可以通过建立求某种变量的最大值或最小值模型，计算其某些特定的状态。例如，在一个不规则的区域内部，可以考虑其最大的内切圆，作为通过该区域的最大状态的标志。

（3）几何密度模型

几何密度模型指的是，用来表示某种量的几何存在状态的数学模型。为了计算和表示某种几何量的总量，就需要记录在某个时刻时，单位几何量下的该数量的取值，然后用定积分形式计算表达总量。

（4）时间密度模型

时间密度模型指的是，通过引入考察在每个时刻单位时间内的通过量或者改变量等而建立的数学模型。时间密度模型可以用某种量关于时间的变化率来表示，常用的数学工具是导数。

为了计算某种量关于时间的变化率，可以首先考虑在一个时间段内的改变量和积累量等，然后计算平均变化量，再将时间无限缩小，得到某个时刻单位时间内的变化、通过量、累积量、进入量、溢出量等。

数值描述模型是进行计算的模型，是在计算过程中需要的数据形式和表示，需要去感知、体会、分析，找到数据并进行表示和模拟。

（5）函数模型

函数模型是变量模型的基本形式。为了进一步分析研究因变量的规律和性质，需要引入适当的自变量，建立起因变量和自变量之间的对应关系，进而得到函数模型。这为进一步计算分析和研究该因变量提供了基本的数学形式，可以利用各种函数工具来计算和研究该函数的性质，如导数、微分、极限、积分、原函数、泰勒展开式、极值分析、中值分析等。微积分的所有的概念模型和计算工具模型都可以利用。

（6）随机变量模型

如果某种数据来源于某种变化的过程，并且这个变化过程的结果具有不确定性、多样性、重复性，就可以引入随机变量模型来统一表示这些数据，这样，就形成了随机变量模型，包括随机向量模型。如市场需求量、商品价格、某个位置的风力大小、海水中某处的海浪高度等都是随机变量。如果需要同时考虑多个数量指标，就会形成随机向量。如果需要考虑每个时刻的随机变量，就会形成时间序列和随机过程。这些都统一称为随机变量。它是进一步计算的基本数学形式和工具。随机变量模型的引入需要明确的随机试验或随机现象的观察，且要表明随机变量的载体，如事物、过程、系统、阶段、个体、行为等。

（7）积分模型

如果某种量具有可加性，即可以将该量划分成若干部分量之和，则可以建立积分模型来计算该量的值。建立积分模型的步骤是，首先对量进行特殊形式的划分，将该量划分成若干部分量之和，然后通过计算部分量的近似值，得到该量的微分形式，即微元素，最后对该微元素进行求和得到定积分，即得到该量的定积分计算表达式，进而形成积分模型。

这种模型适用于计算具有可加性的量，且能够计算出这种量的部分量的有效近似微分形式，然后通过对微分进行积分，得到定积分计算模型。

该模型的多维形式包括二重积分、三重积分、一般的 n 重积分、对弧长的曲线积分、对坐标的曲线积分、对面积的曲面积分、对坐标的曲面积分等。这些数学模型可以计算各种形状物体的质量、质心、转动惯量、物体之间的吸引力、长度、面积、体积、变力做的功、水压力等，凡是有可加性的量都可以通过积分模型计算。线积分的格林公式模型、曲面积分的高斯公式模型，以及曲线积分的斯托克斯模型，都是积分模型的特殊规律模型，可以用来模拟和计算特殊关系下的问题。

（8）满意度模型

对于某些现象我们要基于客观信息做出偏主观的分析、认识、对比，或者进行方案的选择，或者进行对象的评价等，这时就需要对研究对象进行评价量化指标的界定和引入，这种与主观认识有一定关系的量化指标，称为满意度，由此建立的数学模型就是满意度模型。

从决策方案涉及的对象体系、系统、过程中提炼出来的、能够与人的主观上满意度一致的数量指标体系，称为满意度指标，用 S 表示，它是决策方案的函数。这种指标由两个方面决定：一是决策方案本身固有的、能够反映其本质特征的数值，是由方案本身涉及的对象、过程、因素、属性等构成的泛函；二是主观上人们对于客观事物的认知认可程度，这种程度的量化数值化就构成了满意度指标的重要组成。

满意度指标体系往往由多个指标构成，因为一个系统或过程本身涉及多方面的特征，而主观上人们又可能关心多个方面的属性和特点，并根据综合指标进行最后的判断。

对于形成的多个满意度指标，需要将它们合成一个总的指标。而这种综合方法最常用的就是层次分析法，利用层次分析建立不同指标在总满意度指标下的权重大小，然后利用这些权重进行线性加权，构成总的满意度指标。

在形成指标体系时，有时还要对人群进行不同的分类，因为在形成分指标时，不同人群的满意度标准不一样，因此经常要对某些因子进行调节。

满意度的定义方式可以多种多样，经常用函数形式来表示针对考察对象的某个方面的满意度，函数的形式可以是多种多样的，也可以是分段函数。

2. 关系规律模型

（1）等量与不等量关系模型

数值描述性模型是描述事物个体、系统、过程等本身拥有的或与其他事物相关联的某种数值指标，除此以外，我们还要关心事物、系统、过程、个体、部分等之间的等量关系和不等量关系，根据这些等量关系和不等量关系建立起来的等式或不等式模型称为等量与不等量关系模型。

等量关系模型的建立，需要分析系统中各种结构成分之间的平衡关系，经常用到自然科学平衡定律和公式，以及自然科学原理、物理定律、化学定律、生物定律、经济学原理、军事学原理等。

等量关系模型建模是非常重要的建模方法，我们可以对同一个对象的数值进行不同方式方法的计算，利用不同的成分进行计算和表示，就会得到不同的数值表示形式，从而建立等量关系等。这是微分方程、差分方程、线性方程组等模型建立的基本思想方法。

（2）不变量模型

不变量模型指的是，要确定某种变化过程、建立运动变化的规律，通常需要寻找变化过程中的某种不变量，并将其表示为某种数值的不变量。通过构建这个不变量的计算模型，用其他变量、数值等各种因素进行计算得到这个不变量，从而建立起相应的不变量模型。

3. 专用方法模型

（1）综合评价分析模型

综合评价分析模型是对事物过程和系统进行特征评价的模型，属于方法类模型，可以利用灰色评价、层次分析评价、模糊评判等评价方法进行综合评价。针对实际问题，需要设立特定的评价指标进行评价，这个指标可以是具体事物的数值、具体过程的数值、具体某个时刻的数值、具体某个组成部分的数值、具体某个时间间隔的数据、具体某个整体的数据等。综合评价需要进行主观和客观的结合，一方面要深入挖掘需要进行评价的对象的各种属性数据，包括本身拥有的数据或与之相关的事物对象的数据，并对这些数据进行特定方式的计算，获得刻画对象的综合数据指标；另一方面，要结合人的主观感觉感受，将同一个对象、过程或状态获得的不同程度的感受予以量化，从而形成量化的评价指标。

（2）0—1变量组合选择模型

0—1变量组合选择模型指的是，对于变化过程或事物系统，通过引入0—1变量而构建的数学模型。这个模型可通过0—1变量的取值组合来实现从众多的可能性中进行选择。常用的方法是，首先用0和1对每个个体进行标号。如果标号是0，表示这个个体没被取到；如果标号是1，则表示这个个体被取到了。然后用0和1去乘这个个体的数值指标，就会直接显示是否选择到这个对象。

为了表示我们关心的对象及需要选择的特定组合范围，就要详细列出其对应的所有可能的0—1搭配的集合，并将这些组合看成某个方程组或者不等式的解，同时也要构造适当的、由这些0—1变量及其他相关变量构成的方程组或者不等式，作为约束条件。这些方程组、方程或不等式的解的集合，就是满足我们需要的条件的集合。0—1变量组合选择模型在优化模型及概率模型中有着广泛的应用。

（3）差分模型

差分模型是建立多个时间段上的数量关系的模型。这个模型也是常用的模型之一，可用来分析计算多个时间段、多个相继存在的个体、多个相继时刻上等有关数值关系和规律的模型。

常用的差分分析方法：考虑每个时段上新发生的、新出现的量；考虑上个阶段以及之前的若干阶段上出现的量；考虑相邻的上个阶段留下的量，以及本阶段结束以后留下的量，分别用适当的变量表示每个阶段及阶段结束后保留的量，然后建立他们之间的关系式。这些关系式往往表现为，本阶段新增加的量就是上个阶段剩下的量，再加上新产生的量，就等于本阶段消耗的量加上余下的量，这样就会建立对应于每个阶段都成立的递推关系，从而形成差分关系形式。

例如，在描述一辆公交车在一个运行周期中的有关数量及关系时，就要考虑在每个车站，到达车站时车上的人数、新上车的人数、下车的人数、车离开车站时车上的人数、车上的空位数、车站上原来的人数、离开时还剩下多少人、车来时等车的人中已经等了 n 辆车的人数、离开的时候剩下的人中等候 m 辆车的人数等，实际上考虑的是一个时间段上，这个车站上的各种数量的计数结果，就是选定这个车站进行的数量记录和分析。

（4）数据预测模型

数据预测模型是一种非常重要的数据分析与处理模型，可用于对变量在未来某个时刻或时间段内的取值进行预测分析和计算。数据预测模型包括：①灰色预测模型：是利用有限数据进行预测的方法；②时间序列预测分析：是属于数理统计模型，有一套更加完整科学的分析预测方法，比灰色预测系统完整；③差分方程预测模型；④神经网络方法预测等。数据预测模型的本质就是建立一种合理的计算方法，来计算未来某个时刻某个变量可能的取值大小。计算的方法多种多样，可以是基于已经发生的数据的经验公式，也可以是基于事物发生的机理分析，对影响决定这个变量状态的因素进行预测分析，再通过回归模型计算这些影响因素决定和影响目标变量的近似公式，进而得到变量取值的预测。必要的时候还需要考虑预测计算公式的修正方式。

（5）回归分析模型

回归分析模型是建立函数关系的模型，其基本的关系形式是多元线性模型，一般的形式是多元回归模型。回归分析模型也属于数据关系拟合模型，且有一套非常完整的回归分析模型的建立方法，包括拟合关系设定、线性化、最小二乘原理、合理性检验、关系修正、回归预测等。

非线性模型的线性化是回归建模的重要方法，可以通过各种变量代换，将原来因素变量的函数形式看作一个新的独立变化因素，或者对目标数值变量取对数，将乘积形式的数量表示为求和形式的变量形式，或者利用多元函数的泰勒展开公式，用多元函数的全微分模型作为主要的近似形式，就会形成线性回归模型。

线性回归模型是回归模型的基础，一般的非线性回归模型可以通过变量代换及泰勒展开等方式化为线性的计算关系模型，然后建立相应的线性回归模型。因为任何多元函数在自变量的某个局部范围内都可以用它的全微分形式近似表示，而全微分是关于自变量的线性函数形式，即属于线性回归模型。

（6）主成分分析模型

主成分分析（principal component analysis，PCA）模型指的是，在实际问题中，为了全面分析解决问题，往往提出很多与目标有关的变量（或因素），因为每个变量都在不同程度上反映这个问题的某些信息。主成分分析模型就是将多个变量通过线性变换，以选出较少个数的重要变量的一种多元统计分析方法，又称主分量分析。主成分分析首先是由 K. 皮尔逊对非随机变量引入的，然后 H. 霍特林将此方法推广到随机向量的情形。

（7）微元分析模型方法

微元分析模型方法是对连续变量进行计算分析的重要方法，也是微积分方法的核心。微元分析模型方法的使用方式：首先选取总量的某种形式的一个部分量，对其进行某种指标的近似计算，近似的方式取决于对事物系统等的近似形态，如以直代曲、以匀代变等，并且要用某些变量的改变量进行计算,计算的结果是变量增量的线性主要部分的计算形式,实际上就是微分形式。然后将微分进行积分得到总量。

微元分析法还用来建立微分方程。分析在若干变量发生微小变化时,这些变量之间的相互关系,建立相应的等式,进而建立微分方程。这是建立微分方程模型的核心问题。

（8）分类模型

如果需要对某些事物进行分类研究,进一步判断出某个体属于哪种类型,就需要建立判别分析模型,即分类模型。判别分类模型的基本方法是模糊判别、聚类分析等。建立分类对象之间的距离指标是进行科学分类的基础,这种距离有多种形式,有的需要考虑计算与之相关的其他内容的变量与成分等。

4.理论方法模型

数学建模方法的核心是,针对某种实际问题,首先要确定需要利用什么样的数学理论来解决问题,然后进一步深入分析建立什么样的具体模型,就是相应理论中的某种形式的模型。

（1）基本优化模型

利用函数的极值理论和方法建立的数学模型,称为基本优化模型。常见的问题包括最大利润、最小费用、最远距离、最好的方案等。基本优化模型分为无条件极值和有约束条件极值两种形式,可以利用基本的微积分极值理论方法进行计算求解。

（2）数学规划模型

利用线性规划、非线性规划、整数规划、混合整数规划、动态规划、随机规划、二次规划、目标规划等理论与方法建立起来的最优化模型,称为数学规划模型。数学规划模型用于确定某种过程或系统的最优状态,常用的计算工具是 LINGO 软件、MATLAB 软件。

（3）微分方程模型

微分方程模型指的是利用微分方程的理论和方法建立起来的数学模型。它的主要目标是求出某种变量的函数形式,通过分析这个变量的变化规律,构建含有导数或微分的等式关系,进而建立起含有函数及各阶导数的微分方程模型。

微分方程模型包括常微分方程模型和偏微分方程模型,可以用 MATLAB 软件求解微分方程,也可以利用微分方程的数值解方法求解方程的近似解。

（4）差分方程模型

差分方程模型是需要确定某种离散变量数列的取值规律而建立的模型。通过分析计算数列的改变量的值,构建相应的等式关系,就会形成差分方程模型。差分方程是分析计算离散变量序列变化规律的基本模型,具有广泛的应用。

（5）随机模型

针对与随机现象有关的各种问题,利用概率论、数理统计、随机过程、时间序列分析等理论和方法建立起相应的数学模型,称为随机模型。例如,利用随机事件的概率、随机变量及其分布、随机变量的总体特征等可以建立相应的数学模型。时间序列分析中的平稳序列模型、自回归模型、移动平均模型等,都是基于已经发生的数据建立起来的反映随机数据变化规律的随机模型。数理统计中的点估计模型、区间估计模型、参数检验模型、非参数假设检验模型、方差分析检验多因素的均值相等模型等,都是重要的随机模型。

（6）图论模型

对于涉及有限个事物之间的关系和特征进行分析研究的问题,我们可以建立图论模型进行表示、计算、分析等。我们常见的分派问题、指派问题、运输问题、最短路问题、网络极值问题等很多问题都可以用图论模型表示和解决。

第三章　数学建模竞赛开展的现状和意义

我国的高校教育目前已经发展成我国高等教育的半壁江山，然而，高校教育的快速发展和目前高校的学生学习状况却不相符合，甚至出现了一些高校院校培养的人才不能很好的适应社会的发展和企业的需要。学生的学习的主动性、积极性较差，使得学生不能很好的树立自己的价值观和人生观，对学生个人的发展起到了阻碍作用。这些不仅影响了学校的发展，也影响了高校的人才的培养质量。

因此，我国的高校教育面临着严重的挑战，如何调动学生学习的积极性、主动性，促进学生的创新思维的发展，是高校教育急需解决的问题。

第一节　高校数学建模活动开展的现状

高校教育的快速发展给教育者们提出了新的挑战，尤其是对公共基础课程带来了前所未有的挑战和机遇，基础课程在高校教育中起着培养学生创新思维的作用，是学生解决实际问题的有力工具，特别是高校数学课程。它是一门高校学生必修的公共基础课，是培养高素质技术技能人才所必需的基本能力，更是支撑着高校教育中后续的专业课的学习的强有力的工具，是学生高层次发展的基础，但是由于高校学生的学习兴趣较低，学习主动性不强，这种基础课目前急需要进行变革。

20 世纪 80 年代初数学建模教学开始进入我国大学课堂，经过 40 多年的发展，现在绝大多数本科院校和较少部分高等职业院校都开设了各种形式的数学建模课程和讲座，为培养学生利用数学方法分析、解决实际问题的能力开辟了一条有效的途径。并且成为数学课程改革的一个有力的突破点。高等院校的数学建模活动起步较晚，目前的发展还没有像本科院校一样蓬勃发展，因此，对于高等院校的数学建模指导教师急需探索出适合高校学生的数学建模活动的方案。

一、高校数学教学的存在问题

由于高校教育培养目标的要求，使得高校数学教学有别于初等数学教学，有别于普通高校数学教学。"高校教育是培养高素质的技能型人才特别是高级技术人才"。因此，高校数学的教育必须要能充分发挥学生的主动性和创新能力。但是目前由于高校院校快速发展，使得很多高校院校的面临着课时少，授课方式陈旧，学生基础差等问题，具体体现如下：

（1）高校数学课时少难度大

高校数学教学内容多，教学学时少。高等数学教学内容有：极限与连续、导数及其应用、不定积分与定积分、空间几何与向量、多元函数、常微分方程、级数、线性代数与线性规划、概率与统计、数学实验等。高校院校一般是：开一个学期（每周 6 节）或两个学期（每周 3 ~ 4 节）的高等数学课，而且往往从第一学期就开课，而新生入学都会有军训和实习等，这样对于基础课的上课时间就势必会减少。而学生本身基础就差，课时量的不断压缩，导致教师在讲授内容上也是满堂灌地讲授，以完成任务为目标。

而不少高校院校由于课量的减少，在讲授内容上也开始精简，将本该是一个体系的内容进行压缩到只讲授一元函数的微积分，课程内容上各部分不成体系，不能广泛而深入地涉及到位。例如笔者所在学校已经将多数专业的课时压缩至 80 课时，开设两学期，更甚者有些文科专业直接不再开设高等数学课程。开设数学课程的专业，在 80 课时的教学条件下，也基本只学了一元函数微积分等的简单内容，要建立一些比较高等的数学模型，高校学生的数学知识显然不够。

（2）高校数学教学模式陈旧

从高等数学课程教学来说，教师目前还是传统的教学方法，主要表现为填鸭式的教学法，过分强调严格的定理和抽象的逻辑思维，特别是运算技巧的训练讲得过精过细，课堂信息量小。对高校学生则常常只要求套用现成的公式及作一些简单的计算，学生不能发挥主观能动性。过分强调教学要求，教学进度的统一，缺乏层次性多样化，不能适应不同专业的要求。考试形式单一，几乎是清一色的笔试，不能真正体现学生的数学水平。这些问题不但影响了高校学生学习数学的积极性，更主要的是后继课程的学习也受到影响。在教学实践中，专业课教师认为学生的数学基础不扎实，不能灵活运用在具体问题上。枯燥的高数教学模式，也使许多学生对高数的学习有了畏难情绪，更别提需要主动进行研究的数学建模活动了，数学建模的教学模式更加紧凑，没有先进的教育教学方法，是不能提高高校学生学习积极性的。

以上这些因素给高校数学教学带来了诸多困难。面对这些困难，紧紧围绕高校教育的培养目标，进行高校数学课程的教学改革，已是迫在眉睫。

二、数学建模竞赛活动的现状

从高校学院的生源来说，高校院校的学生比较突出的特点是学习没有兴趣，主动性差，尤其是公共基础课数学的基础更加薄弱，数学应用能力更差。学生不知道学习数学的用处是什么，认为学数学在工作中没有用处，学习中又对教师过于依赖，不会去主动地用数学解决实际问题。因此，数学建模活动的出现弥补了数学教育中的这一缺陷，数学建模课程主要培养学生的洞察能力、创新能力、文字表达能力、综合应用分析能力、联想能力、使用当代科技最新成果的能力、计算机编程能力、同舟共济的团队精神和组织协调能力等等。它将数学回归到作为一门技术学科的实质，变"学数学"为"用数学"。数学建模活动由于其特有的开放性，应用性等特点使得可以很好地培养学生的综合素质，同时数学建模教学的过程也成为高校数学教学改革的强有力途径。

高校院校开设的高等数学课程没有改变传统的教学方法，随着社会生源质量的下降，高校数学的教学难度日益增加，更不用说数学强有力的改革方向——数学建模活动也面临着很多的问题。

数学建模活动最早在本科院校开展，每年参加数学建模竞赛的学生也非常多，学生的积极性也很高，但是对于高校院校而言，数学建模活动起步较晚，1999 年才在数学建模竞赛中增加专科组的赛题，自此高校院校的数学建模活动才得以快速发展，但是总体而言高校院校参与数学建模活动的学生占全校学生的比例还是较低。我国高校院校大多由中专学校升格而成，对数学建模作用的认识不深，对数学建模活动的开展、数学建模竞赛的组织等都缺乏经验，大部分院校的数学建模活动还处于摸索阶段，只开设了面向准备参加数学建模竞赛的部分学生的数学建模培训课程，学生由于基础较差，参加数学建模竞赛的学生较少，学生的受益面很窄。

另外，目前适合高校的数学建模资源较少，适合高校学生使用的数学建模教材和网络资源少之又少，学生只能借助教师培训的课件进行学习，不能很好地进行自主学习，学习的自觉性也就不高。高校院校由于数学建模活动起步较晚，学校的师资力量薄弱，很多老师都是刚开始接触数学建模竞赛，缺乏丰富的经验，加上学校的重视程度不够，教学课时数很少，教学硬件设备不达标，很多学校没有单独的数学建模实验实训室或教室，资源较少。这些都阻碍了数学建模活动在高校院校的开展，也妨碍了高校数学的教学改革。

第二节　数学建模活动开展的意义

一、数学建模活动对于人才培养的重要性

随着我国经济的快速发展，社会和企事业单位对人才提出了新的需求，这就给培养一线的技术人才的高校院校带来了挑战，创新型的高端技能型人才成为企事业单位的首选人才。而培养创新型人才需要高校教育在教育方法，教学内容和人才培养模式上都要进行改革。因此，高等职业教育面临着探索创新的艰巨任务，而作为高校教育的公共基础课——数学同样具有重要性和紧迫性。因此，高校数学课程的改革就应以数学应用作为突破口进行改革。数学建模正是综合运用数学理论知识和计算机语言解决实际问题的一种过程，是联系数学和实际问题的一座桥梁。

从 1983 年清华大学率先在应用数学系开设数学模型课及 1992 年举办首届数学建模竞赛至今，数学建模活动已经在全国各高校，特别是在本科院校中得到了蓬勃发展，不仅培养了一大批既富有创新观念，又具有实践能力的优秀本科生，也极大地推动了本科院校的教学改革。实践证明，数学建模对于提高学生运用数学和计算机技术解决实际问题的能力，培养创造能力与实践能力，培养团结合作精神，全面提高学生的素质具有非常积极的意义，同时，也对教学改革起到了重要的促进作用。数学建模活动已成为全国大学生参加人数最多、活动规模最大的课外科技活动。这项竞赛能够大规模健康地发展，并且具有强大的生命力，说明其顺应了时代发展的潮流，吻合培养高质量、高素质人才的需要以及高等教育改革的要求。

（1）开展数学建模活动是高校院校培养技术技能人才的需要

数学建模活动是利用数学解决实际生活和工程中的问题，一般的数学建模题目都是从工程应用，经济管理，农业等领域经过适当的简化而提炼出来的题目。在进行数学建模的时候，从问题的分析到模型的建立求解没有固定的思路，甚至没有固定的答案，学生就像完成科研任务一样利用所学的数学知识和计算机语言去给出一个合理的方案，这个方案一般以论文的形式呈现。因此，在整个数学建模过程中，不仅培养了学生运用数学知识解决实际问题的能力，也培养了学生团结合作，独立思考，创新的能力，是学生对于在校学习的一种学以致用的体现，符合现阶段高校教育的人才培养目标。

（2）开展数学建模活动可以提高学生的综合素质

数学建模竞赛活动对于学生的综合素质的培养具有非常重要的作用。由于数学建模活动模拟了科学研究的整个过程，因而可以充分地培养学生的创新思维，自主学习的能力，独立思考的能力，探索问题的能力以及团结合作的能力。在数学建模的过程中，学生不再是被动式的学习，教师也不再是单一的填鸭式的讲课，取而代之的是分组合作，利用现代化的技术和手段进行解决问题。逼真生动的试验模拟和材料、饶有兴致的游戏探索等，使学生感到学习不再是一件枯燥乏味的事。同时也有利于发展学生的创造性思维，有利于学生从本质上把握所学的知识内容，有利于培养学生良好的学习习惯、科学的学习方法和自主学习的能力，进而促进他们整体素质的提高。

由于数学建模活动需要学生具备扎实的理论知识，计算机编程能力，写作能力，因此可以极大地提高学生的数学和计算机应用的能力；同时，由于数学建模的题目来源于实际生活和工程应用，因此在做这类题目的时候还需要学生具备查阅文献资料的能力；而三人一组的合作式学习也培养了学生相互沟通和交流以及团结合作的能力。数学建模活动的开放式形式也培育了学生高度的自律性和约束性，以及坚强的毅力。

数学建模竞赛和教学对提高学生的综合素质具有重要作用，是对学生能力和素质的全面培养，既丰富、活跃了学生的课外活动，也为优秀学生脱颖而出创造了条件。数学建模活动的开展能更好地推进学生的素质教育，因为它对于发挥学生的主体作用、促进学生主动学习和培养学生创新能力非常有益。这些能力也正是我们大学数学素质教育所要努力追求的。

二、数学建模对于课程改革的重要性

数学建模活动是一种开放性的教学活动，将数学建模思想融入高等数学建模的教学中将会推动高等数学教学的改革，具体表现在如下方面：

（1）以数学建模为切入点推动高校数学教学内容和教学方法的改革

目前，高校数学的教学内容基本沿袭了经典数学的三大块：微积分、线性代数、概率论与数理统计。这些内容都是单纯的数学理论，缺乏与实际问题的结合，并且游离于专业课之外，不仅不能引起学生的学习兴趣，而且也是专业系部压缩数学课时的因素之一。教师的教学方法也只是注重数学知识的灌输，教师讲解、教师设问、教师给出标准答案，只管教不管懂，这种常规的"填鸭"式教学方法很难调动学生学习数学的热情。

高校教育是培养高素质技术技能人才的教育。因此，高校数学的教学内容应充分体现"以应用为目的，以必需、够用为度"的原则，并将其作为专业课程的基础，强调其应用性以及解决实际问题的自觉性。一方面可以进一步扩大数学建模的受益面，有条件的情况下可以开设《数学建模》与《数学实验》课程，系统介绍数学建模的思想方法以及数学软件的使用方法；另一方面可以在高校数学教学中融入数学建模思想，将一些实际问题引入教学内容，利用一定的课时讲解浅易的数学建模，以增强数学内容的应用性、实践性、趣味性。在教学方法上，应注重理论联系实际，重视将数学的应用贯穿于教学始终，提倡"启发式""互动式"的教学模式，采用多媒体、数学实验等多种形式。

（2）以数学建模为切入点推动高校数学教学手段和教学工具的改革

随着现代科学技术的飞速发展，数学的应用领域日益广泛。数学建模的赛题都是一些经过适当简化加工的实际问题，这些问题为数学知识的应用提供了很好的实例。这些实例能使学生认识到数学如何有用，进而深入了解数学应用的方法和技巧。在数学建模中，为了求得模型的解，必须使用计算机和相关数学软件，数学应用与计算机已紧密结合。传统的教学手段一支粉笔、一块黑板，已不适应数学的发展，信息化教学手段进入数学教学势在必行。首先，可以在数学教学手段上引入多媒体教学，提高学生学习数学的兴趣；其次，在教学工具上引入数学软件求解数学问题，采用数学实验课的形式，促进数学与多媒体技术的结合。

目前，高校院校只有少数人参与数学建模活动，而且大部分高校院校只是为了竞赛而开展这项活动。对于如何扩大受益面的问题，本专科院校做了一些有效探索，比如开设数学实验课程或数学建模课程，但对于学制较短、职业性较强的高校院校来说，能否借鉴他们的经验开设选修课，如何开设并安排数学建模的教学内容等，仍是有待解决的课题。

数学建模提供的教学、培训模式和竞赛方式，在成绩较好的学生中取得了良好效果，但对于基础较差的学生却是一项高难度活动。因此，需要在实践过程中不断探索适用于高校院校所有学生的数学建模。

第四章 APOS理论驱动下的高校数学建模课程内容研究与探索

第一节 APOS理论驱动下数学建模教学的理论基础

一、建构主义理论

杜宾斯基的 APOS 理论是一种建构主义学习理论，其中，建构主义强调，在学习获得经验的过程中，学生不是学习中的被动信息接受者，而是通过自身心理建构，结合外界环境变化，从而进行意义的主动建构者。建构主义认为，学生在进行学习获得经验之前，学生的头脑中已经储存了与之相关的一些自然经验、生活经验，而不是空着脑袋进入课堂的，已经对于学习对象有一定的认识，即便学生对学习对象并没有接触过，没有可以供应用的已知经验，但是，学生可以通过自身的认知能力或一定的智力条件进行一定程度的认识与解释。因此，建构主义强调，在教学学习过程中，不能忽略学生的内部经验，应该在已具备的经验基础上，通过与原有知识经验的联系，进行新知识的学习。注重学生个体内部心理结构构建的过程与能力的获得过程，使得心理结构的调节机制来适应外界环境的改变，从而达到行为变化的学习目的。而 APOS 理论正是以学生在学习中的主动建构为基础条件的，通过理解学生内部已存在的知识经验与生活经验，在与外界环境相互调节作用的过程中进行内化、压缩成自己新的认知结构。

二、APOS 理论

APOS 理论是美国数学家杜宾斯基等人在 20 世纪 80 年代提出来的，在 20 世纪 90 年代发展成熟。该理论对于建构数学概念主要通过四个阶段完成，活动（Action）、过程（Process）、对象（Object）和图式（Scheme）组成，通过这四个阶段对学习对象进行不断地反思、归纳，从而获得学习经验的建构过程。APOS 理论是源于皮亚杰的自反抽象理论，是对于自身所进行的活动进行不断反思获得经验，而不同于"经验抽象"，其是对于真实的现象或事物抽象出来它们的概念。APOS 理论在学习过程中，通过四个阶段，建构数学学习内容，从而提升数学思维水平，其不同于其他理论的一个重要方面，是该理论指明了进行建构学习的方式以及途径。20 世纪 80 年代，美国高等学校进行课程改革，提倡"小组合作""交互式教学方式"等，都是强调学生自身进行知识建构的过程，实验证明，这种学习方式的改革不仅增添学生学习过程的个性化与开放化，而且能够积极引导学生创新能力的构建过程。

APOS 理论主要针对的是学生对于数学概念的构建过程，其主要强调的是，首先学生需要通过思维的活动，其次进行构建过程以及形成对象的三个状态，通过反复思考，建立学习对象的认知结构，当遇到新的学习对象时，学生可以通过将未知的对象纳入到已建立的认知图式中，最终通过联系与重建，达到对问题的判断以及解决。由于在传统的教学模式中，主要注重让学生通过大量的练习实现对数学内容的理解与学习，但当学生遇到与之相关的新问题时，往往不能进行顺利地解决，因此，学生只是通过大量重复练习达到对同一类问题的认识以及运用，但并不意味着学生对相关概念的真正理解，因此，APOS理论通过进行逐层建构，逐步深入，最终使学生获得相关学习经验。

由于APOS理论是建构主义应用于数学知识内容的一种尝试，通过学生进行心理建构的过程，四个阶段依次过渡，教师可通过四个阶段进行教学设计，结合学生的认知规律以及认知水平，合理把握课堂的进程，分析学生在这一过程中所遇到的困难，并进行合理调整，最终建立数学内容的知识体系。APOS理论主要针对的是数学概念的形成过程，本质上它是由于数学概念内容的特殊性所决定的，强调学生已有的自然经验以及社会经验，以社会生活为背景，让学生通过反思与探索，探究新知识。

三、APOS理论的四阶段模型

杜宾斯基指出，学生在已有的知识经验的基础上，通过四个阶段"活动"、"过程"、"对象"以及"图式"逐层完成，让学生通过主动的心理建构，逐级进行反思抽象等活动过程，最终实现活动经验的建构过程。

（1）活动阶段

数学活动不但包括行为外显的活动过程，同时，也涵盖学生大脑中的思维活动，通过观察、试验、计算和猜想等方法进行思维活动，只有经历直观操作或直观现象的感知过程，学生才能对学习对象有直观的感知，结合自己头脑中已建构的经验，通过"活动反思"，从而达到对数学活动经验的获得。因此，教师应在认识新内容之前，尽量以学生的社会生活为背景知识，使学生充分调用已建构的相关知识以及经验进行操作活动，逐步深入，慢慢达对新知识的转化与内化过程，例如学生在进行概率论内容的学习时，可以设计学生熟悉的掷硬币、抛骰子等数学活动。

（2）过程阶段

通过"活动"过程，学生不断地进行反思与归纳，学生能够对外部刺激形成一种"程序"，当新内容出现时，不再重复"活动"过程，而是调用已建立的程序模式。这种形成自动化的"程序"模式的过程，其实质是形成数学活动的程序以及步骤，经过思维的内化与理解，抽象出对于新概念的抽象理解，例如在抛硬币的数学活动中，学生通过操作，理解其试验结果是等可能出现的，建立对于古典概型的属性抽象归纳，从本质上理解数学学习对象。

（3）对象阶段

当数学知识通过"过程"阶段，学生可以从学习对象的整体进行转换和操作时，数学知识已在学生的心里形成"心理对象"，在这一阶段，学生真正认识概念的本质属性与特征，并能够利用数学语言对学习对象进行描述，并进行数学问题的应用与解决。学生对新知识的理解不再停留在表面的理解，而是对相关性质从整体角度出发进行描述与应用，数学对象呈现出完整的知识结构形态。例如，在对古典概率的学习中，学生在这一阶段，可以去探究古典概型的相关特点、离散型、连续型概率公式，使得从整体角度对古典概型进行整体认知与应用。

（4）图式阶段

图式阶段的形成，是学生的思维水平上升到更高层次的标志，图式指的就是"活动""过程""对象"三种状态与新概念有关知识间所形成的认知结构,学生通过之前的阶段过程,将新知识与已有的知识经验间进行整合,建立学习对象的认知框架。利用图式,对外界的某些刺激进行判断是否进入该图式,其也是有意义学习的过程,对学生学习数学概念有很重要的意义。在图式形成的过程中,是螺旋上升、不断建构的动态过程,从最初的仅包含简单定义、符号到最终抽象概念的形成,学生进行反复思考与联系,对已建立的图式进行不断完善,从而建立该学习内容与其他概念、规律间的区别,从本质上掌握该学习内容,最终能够做出解决应用此类问题的应对策略。

第二节 APOS理论驱动下的数学建模教学

一、APOS 理论驱动下的高校数学建模教学的基本内涵

总体来看,高校教育的培养人才模式主要强调实践性、主动性、创造性等特点,从而培养面向一线生产、服务等行业的人才,为了提高学生的动手能力以及操作性、创造性,数学建模活动是符合高校教育的培养要求的。

APOS 理论主要通过学生心理建构的四个阶段完成,核心是引导学生在社会经验、生活背景的基础上对新知识进行建构,进而进一步抽象数学问题情境,建构数学知识结构。这一点,与数学建模的培养思维是吻合的,其都是通过具体的直观背景,在感性认识的基础上,通过操作,充分发挥学生的主观能动性,由操作深入思考,经过思维的内化形成数学新知识的抽象。然后,通过所提供资料的分析、抽象,逐步进行形式化,成为一个具体的学习对象。最终,通过同化、顺应,建立新知识的图式。这一过程,也正是建立数学模型的过程,APOS 理论在充分利用学生已有的社会经验为依据,逐步揭示数学知识的学习本质,在这一核心目标上,对于高校学生是具有极大的启发作用的。

数学建模的总体指导思想是:以引导学生为中心,以实际问题为背景,以培养学生的创新能力、操作能力为目标。数学建模就是以学生日常生活中能够有一定认识的实际问题为背景,通过建立模型的过程,从而利用数学内容进行解决的过程。通过建立模型的过程,让学生充分认识并利用数学知识,提高学生的思维水平,最终达到学生在专业学习上应用数学知识的能力,体现学生的操作能力与创新能力。

操作阶段:通过具体的生活背景为基础,通过"活动"让学生亲身体验,将具体事物转化为个人的认知活动,感知学习对象的直观背景,了解其具体的环境与数学内容间的关系。

过程阶段:学生进行不断地操作与思考,将直观感知转化为自身的程序性建构过程,经历思维的内化与吸收,抽象出数学概念的属性,从而提升思维水平,形成一个过程性的模式化结构。

对象阶段:将已建立的程序化建构上升为一种抽象概念,通过数学语言进行定义和符号化描述,使其更加完善,从整体角度进行具体概括,也就是说,更加独立性地建立数学模型,为更高层次的抽象化提供一定的可能性。

图式阶段:图式的形成实质就是数学模型最终的建立,其是认知发展的核心,以操作、过程、对象为基础,将已有的学习经验与新知识间建立联系与桥梁,从而形成新的问题图

式，其中经历了许多数学活动的进行与建构过程，经过反思与提炼，例如单个图式、多个图式和图式的迁移三个阶段。单个图式即为离散的单独个体和对象；多个图示是多个相关知识点的综合应用与联系，概念的迁移阶段是联系相关知识点的相互关系，并抽象内部结构的建立。

对于数学模型的建立经过以上四个阶段的形成，循序渐进，不仅停留在具体的、表层的阶段，而且要找到其内部联系，反复思考形成抽象结构，最终完成整体数学模型的构建过程。

二、APOS 理论驱动下的数学建模教学的意义

在 APOS 理论驱动下的数学建模教学的教学意义与作用主要体现在以下方面：

（1）有助于学生运用数学的能力

在学生进入大学以前，对于数学的学习一直停留在纯粹的应试教育阶段，并没有对数学知识进行实际的应用，学生主动进行应用的意识薄弱，不能很好地在实际问题与数学概念间建立良好的桥梁，而数学建模的构建过程，正是学生对实际问题进行实际应用的过程，将实际背景抽象为数学内容并对其进行求解，在建立模型的过程中，逐步提高学生运用数学知识的思维水平，从而提高学生的实际问题的解决能力。

（2）有助于培养学生的抽象思维能力和创新意识

在繁多的实际问题处理中，学生需要具备抽象思维能力、想象力以及创造力，简化实际问题，挖掘本质内容，归纳出以描述实际问题的数学模型，利用计算软件、数学理论方法等手段进行求解，最终利用归纳类比、综合抽象等数学思想进行总结，利用已掌握的数学知识和数学思想进行再次建构与完善，结合已获得经验，发挥抽象思维能力与创新意识。

（3）有助于培养学生学习数学的兴趣

一直以来，学生都认为数学不外乎是具体公式的套用以及计算求解，并不能意识到数学的实际应用作用。而数学建模为学生打开了学习数学知识的一扇窗户，学生通过建立实际问题与已学数学知识的联系，切身体会到数学的应用性与实践性，这样，不仅可以让学生了解具体数学内容的应用、具体问题的求解过程以及数学模型的建立过程，同时，可以很大程度上提高学生对于数学课程的认识，从而增强学生对数学课程学习与探究的兴趣，学生主动地去寻找问题求解相关的数学知识与方法，进而产生浓厚的学习兴趣以及探究精神。

（4）有利于培养学生将实际问题转化成数学模型的能力

要建立实际问题背景与数学知识间的联系，学生要在进行实际问题向数学问题转化与抽象的过程中，抓住问题的本质与关键，用数学语言进行描述与简化，与此同时，学生要能够对应用数学思维解决后得到的结果进行重新讨论与解释，联系实际问题进行解释与

应用。

（5）有利于提高学生运用计算机的能力

在数学建模的过程中，经常会利用计算机软件进行求解，例如 MATLAB、SPSS、LINGO 等软件，通过软件的引入，可以使得繁琐的计算过程变得简单，大幅度地减少计算量，同时，由于软件的方便引入，使得学生能够熟练运用数学软件，大大提高了学生应用计算机解决实际问题以及数学问题的能力，对于学生以后的工作与学习都有很大的帮助。

第三节　APOS理论驱动下高校数学建模的基本要求与策略方法

为了能够更好地发展学生的应用意识和创新意识，使得学生能够体会到利用数学知识解决实际问题的方法与思想，使得学生能够从知识型向能力型转换，这是数学建模的重要意义，全面提高高校教育教学的目标以及学生的综合应用素质，使得高校院校在人才培养上更加适应社会的需求。

一、基本要求

（1）主动性

在数学建模的首要步骤中，学生应主动体验从实际问题到数学知识间的过渡，不断揭示数学对象的现实背景，体会数学对象的形成过程，从现实原型、数学问题的抽象描述、数学思想方法的应用、形式化符号化等整体性理解数学问题，这实质上也是对"过程"与"对象"的双重理解，注重学生对实际问题与数学知识间桥梁的建立过程，在这一过程中，充分发挥学生的创造能力与创新性，强调数学的发生与发展的过程，这与数学家进行数学发明的过程也是完全一致的。而且，教师应强调数学问题的多种表达形式，使学生联系已有的数学经验与社会经验，注重学生主动建构的过程。

（2）特殊性

数学学习本身具有其他学科所不具备的特性，主要由于数学体系结构的系统性、抽象性决定。因此，数学建模活动也是特殊的建构过程，其是一种组织学生经验的学习活动，并且，在组织经验的过程中强调学生主动建构的能力，学生头脑中最终所建立的图式内容不尽相同，利用 APOS 理论追溯学生知识发展与形成的过程，不仅关注学生最终结果的求得，而且重视学生在建构模型的过程，包括所利用的数学思想、数学方法以及数学软件的实现，对于同一问题，可能考虑的思路不同，那么所呈现的过程也就不尽相同，学生应充分发挥自主性，通过自身对问题的提炼、抽象概括，对新问题与新知识进行再次建构与解决。

（3）层次性

在建模过程中，学生逐步对问题进行深入剖析，从最初的实际问题着手，逐层进行，最终进行数学模型的抽象与概括，将表象的问题深入化，层层递进，从而归纳出简便的数学模型进行描述与求解，而不仅仅停留在表层，在每一个环节中，都是不可逆转和替换的，学生需要进行实际背景到精确计算的过渡，在这一过渡过程中，充分开拓学生的思维范围，调动学生自主探索的积极性，让学生主动进行思维过渡过程，而不仅仅是使学生知道结果，而这一过程更像是学生对未知问题发现、探索的过程，了解知识发生、发展的过程和应用范围，最终实现对问题的求解与应用。

（4）发展性

在学生进行数学建模的过程中，并非只有一种图式的呈现，而是学生通过经验的累积、数学活动的积累，不断完善、逐层递进的过程。其中学生的思维是不断变化、不断发展的，并不能限制学生思维的多方位发展，为了解决实际问题，学生在不自觉地进行学习、反思，逐步完成建构过程，而建构的过程，依赖于学生不断地积累经验、思考问题，这样，才能不断完成知识体系的建构与完善，而不仅仅是教师的灌输过程，最终实现学生思维层面的不断发展。

二、策略方法

一般来说，数学建模的过程大致如图：

图4-1　数学建模过程

（1）注重培养学生实际问题与抽象理论的"双向翻译"

学生能否利用数学建模思想解决实际问题，其中，关键的一步就是对实际问题与抽象理论间的相互翻译过程，即就是说，学生可以将实际问题用数学模型进行描述与归纳，其中包括具体的符号设定以及单位确定。另一方面，学生要能够对求解结果进行语言转化，可以用实际现象与实际意义去解释数学结论。而这种"双向翻译"的能力也是其他学科与应用不可缺少的环节，然而，数学建模就是以社会经验为背景，不断提高学生分析问题、解决问题的能力，锻炼学生的口头语表达能力，清晰描述实际问题与抽象问题结论，这种途径是进行学生实际应用及其重要的环节。

（2）突出数学知识的应用作用

突出数学知识的应用性，让学生了解其作用，也是在高校数学建模过程中不可缺少的方法，在建模过程中，不断融入数学思想方法与思维方式。

下面以"纳税问题"为例，首先，需要让学生了解个人所得税、税率等内容。

根据个人所得税政策，缴纳月收入来扣除三险一金的余额。

$$纳税额 = （月收入 - 纳税起征点）相应税率 - 相应速算扣除数$$

纳税问题与生活实际紧密相连，问题简单易懂，一方面，提高学生的兴趣，另一方面，通过分段函数的模型建立，使学生体会如何用数学解决实际问题，用简单的实际问题渗透数学建模的思想方法。

（3）开设数学实验，培养学生的实践动手能力

计算机的应用与操作是数学建模的关键步骤，同时，掌握计算机软件操作也是学生认识相关问题、处理数据计算的方法，学生应努力掌握相关软件的操作与处理方法，在数学

实验中提供利用计算机进行交互式学习的环境，学生积极进行主动学习、观察学习、归纳能力和思维能力的拓展与训练，要想提高学生的综合素质，提高学生在数学实验中动手操作能力必不可少，例如回归模型、拟合插入等方法，都需要计算机软件的操作。例如在回归模型中，通过掌握如何准确地数据、录入、正确地调用统计分析程序以及对输出结果作出合理解释，都是通过 SPSS 软件或 MATLAB 软件实现。因此，教师应尽量提供学生动手操作的能力，强化实践能力的提高，提高学生积极性，使学生能够在实际问题进行分析以及求解过程中，利用计算机完成大量的推理运算、数值计算、作图等工作。另一方面，提高学生对信息的搜集能力与分析能力，也需要通过软件进行筛选与分析，其中涉及多个应用领域，学生应主动寻找有用信息，对数据结果进行相关背景解释，建立实际问题与数学抽象间的桥梁。

第四节　APOS理论驱动下的高校数学建模教学步骤

在高校教育中，课程改革的重要目标是加强综合性、应用性，重视学生联系生活实际背景与社会背景。在强调教育教学中重视素质教育的前提下，针对于现代高校课程改革进程与现状，不断充实课程学习内容与学习方法，"加强数学建模教学与应用"是高校数学课程改革的突破口，对于 APOS 理论驱动下数学建模教学的注意步骤如下：

（1）充分利用实际背景，引入教学

以实际问题为背景是高校教学课程改革的一种主要模式，通过解决实际问题，可以提高学生"提出问题""分析问题"以及"解决和应用问题"的能力，激发学生的求知欲望和积极性，在建模过程中充分发挥学生的创新精神。由于学习对象都是源于日常生产、生活实践，数学教学由学生熟悉的实际问题引发新的数学知识，有利于学生获得数学知识抽象理论，并最终提升能力。另一方面，这也是"理论联系实际"，揭示数学理论与规律的方法，提高学生数学建模的能力水平。

在进行数学建模教学过程中，不仅要让学生了解建模的知识与步骤，而且同时，教师应向学生呈现数学概念、定理的发生、发展过程，尽可能地从实际出发，为利用数学知识解决实际问题打下思维基础。

（2）寻找数学理论问题的生活原型，增强学生数学建模意识

一方面，数学问题本身就来自日常生产与生活，并不是孤立的式子，若在建模之前，让学生充分了解生活实际，可逐步培养学生数学地解决问题的意识与能力。例如：可以利用细胞分裂、平均增长率、教育储蓄、购房贷款等数学模型引入相关函数的概念教学。这样不仅能够让学生对相关知识间的联系有一定把握，同时，又能够增强学生的学习兴趣与应用数学的意识。让学生能够抽象概括出数学模型是创造、识别、应用模型的前提。因此，教师应该尽可能地引入实际问题背景，让日常生活转化为数学语言进行描述，让学生能够将具体的数学变量间关系转化为一般的数学关系，进而在建立数学模型的基础上创新性地完成。

在高校数学教学中，应尽可能多地挖掘数学建模实例，从实际问题中抽象出数学本质的训练，重视从普通语言向数学语言的转化与翻译过程，重视学生自主发现数学模型，使学生从应用的角度提升至建模的思维高度，并学会利用建模结果解释已获得数据结论。

（3）加强学生构建模型与解决问题的能力

生活原型中揭示的"事理"要成为学生熟知的"常识"，必须经过提炼和组织的过程，使其成为一定的法则，这一概括、提炼的过程，就是数学模型建立的过程。比如现实生活中常见的最优化问题，学生要求得最佳投资、最小成本、最佳分配等最值问题，通过建立与实际问题相应的目标函数，确定限制条件，建立模型中实现利用函数问题的方法解决。现实中许多实际问题都归结为数学模型求解，例如人口增长、物理的衰变、裂变等问题，常通过数列问题求解，而一些图形问题例如建筑、测量、追及问题等，通常通过建立相应的几何问题求解。培养学生从现实生活原型中建构数学模型，由于现在搜集问题途径的多样性，教师鼓励学生通过多种途径进行相关内容的学习，逐步提高学生求解具体问题的能力，提高学生的数学应用意识、建模能力和实践能力。

（4）开展数学建模实践活动，这种学生实践参与

开展数学建模实践活动，使学生充分增强实践工作，在具体的教学实践过程中，应充分引入社会热点问题，增加现代感，增加素材的多样性，贴近学生的生活实际，又能够利用数学内容与数学思想方法进行解决。关键步骤有：课程选择与素材准备—实践中采集实物和数据—对采集的样本进行整理、研究、讨论、交流—模型建立—论文报告。由于数学模型的多样性、复杂性以及技巧性和广泛性，加上学生思维水平的局限性，只要求学生对模型的特征理解是远不够的，学生最终要把握的是对问题应用的环境，做到揭示本质，不断提高自己的建模能力。

（5）组织开展数学建模小组活动，引导学生积极参与

要解决实际问题，首先教师要注重努力拓宽学生的知识面，毕竟高校教育更侧重于应用性与实践性，重视学生"应用意识"的形成。其次，鼓励学生在日常生活中注意运用所学知识解决问题的意识，要在平时的数学教学中为学生提供理解数学知识用图的条件与环境，内在地激发学生利用所学知识进行解决问题的兴趣，增加学生积极性。最后，在建模过程中充分发挥不同专业背景组成的建模队伍，增强学生合作的情境，让学生自由发挥，充分体现每一位学生的优势，鼓励学生在建模队伍中充分发挥自身优势，学习其他人的思维方法，鼓励学生发表自己的看法与见解，在充分安全与和谐的环境中引导学生自主创新，提倡团队间合作，但同时要把握协作过程中的相关准则，在民主的合作学习中提高集体思维的效益。如椅子能否放平、放稳？三个商人过河，七桥问题、最佳包装等问题，多向学生介绍数学中的经典例子，从先着手培养学生的学习兴趣为起点，进一步向学生介绍建模方法与建模思想，同时，向学生介绍一些相关学科的近期发展与研究领域发展，例如经济问题、生产问题等，开阔学生视野。

总之，结合 APOS 理论的改制数学建模教学步骤中，充分发挥学生的合作意识与合作技巧，充分调动学生的积极性与自主性，让学生能够培养利用数学理论解决实际问题的意识与想法，不要过早地对学生思维进行界定与框定，这样，会对学生产生思维限制，这样，才是真正深入贯彻素质教育观点，开阔学生视野，充分激发学生对于数学理论形成与发展的过程的兴趣，例如学生到食堂、商场了解其经营情况、价格情况、管理情况等，渗透其他学科与数学学科的联系，数学建模的过程就是对复杂问题本质化，抽象为合理的数学结论的过程。总之，在教育教学中应遵循循序渐进的原则，逐步完成学生数学建模体系的完善，充分发挥数学模型问题的综合性特点，鼓励学生对同一问题的不同思考角度以及不同软件方法的应用求解，帮助学生完成分析问题、解决问题、撰写论文等一系列的过程。将建模

思想方法融入高校数学教学中是高校课程改革的探索，同时，利用具体的层次进行实施，在实施过程中实现创新实践能力的发挥与体现，提供具体的途径与方法，这也是 APOS 理论对于数学建模过程的步骤分解，为具体实施提供可操作的方式方法，为学生提高数学建模能力以及数学地解决问题的能力，最终实现对学生创造性的培养目标。

第五节　APOS理论驱动下的高校数学建模教学阶段性分析

在全国大学生数学建模竞赛活动的推动下，数学建模课程受到越来越多的重视，由于数学建模的过程具有开放性和灵活性等特点，充分调动学生自主学习、探索的能力，为学生在应用数学中理论结合实际提高可能性，最终实现对人才培养的目标，发展学生主动性与创造性。因此，随着高校数学教学的不断改革，数学建模在高校教育中也得到不断地推广，结合高校学生的学习特点，以下是结合 APOS 理论对高校数学建模教学的阶段性研究：

（1）初级建模阶段

在初级建模阶段，应让学生首先了解数学建模到底是怎么回事，了解数学理论是可以应用到实际生活中解决一定问题，激发学生的自信心，增强学生学习兴趣，逐步培养学生的建模能力水平与思维水平。

因此，在此阶段，应首先让学生接触最基本、难度较低的建模内容，教师结合数学建模的含义、基本的方法和建模步骤进行讲解，让学生建立整体的过程概念与目标，这样，一方面是建模数学课程与建模课程之间的衔接，另一方面，有利于对学生进行数学建模思想的逐步渗透。例如线性规划方法的介绍。

（2）典型案例建模过程

学生知道数学知识确实是可以与实践相结合的，在接下来的阶段中，就是要让学生能够掌握在什么样的条件下利用什么样的数学知识可以建立数学模型，其实本质上是对现实问题与数学理论之间相互翻译、相互认识的过程，例如，利用微分建立传染病模型、人口预测和控制模型，利用级数建立服药问题模型，利用概率统计建立随机人口模型等。

在这一阶段中，教师选择的题目应更具有建模的特点，但是应把握题目的难度，不能太过于强调难度，要了解学生的认知水平与知识水平，重点放在问题的设计上，尽量与学生熟悉的专业领域相结合，引导学生建立相应的问题模型，鼓励学生相互交流思考建模方法。

（3）综合能力建模阶段

在综合能力建模阶段，主要是按照参赛标准进行培训，这是数学建模的高级阶段，毕竟，数学建模比赛是集中在三天内完成的，因此，学生必须在掌握了一定的建模能力的基础上，不仅能够独立完成对新的实际问题与数学模型间的结合，而且要求模型尽可能具有应用性、操作性，学生能够选择相应的方法或软件进行模型求解，在建模问题中，通常都是来自于现实生活中的各个领域的实际问题，没有固定的方法和标准的答案，因而不可能明确给出唯一解法，学生可通过对问题的分析、问题的特点和限制条件、重点和难点、开展工作的程序和步骤等，同时，还必须明确问题的本质，对所研究问题进行必要的、合理的简化，用准确简练的语言给出表述，进一步明确建模的目的，因为对于同一实际问题，出于不同的目的所建立的数学模型可能会有所不同，例如可以是描述或解释现实世界的现象、预报一个时间是否会发生、未来的趋势，又或者是优化管理、决策或控制等。在不同的数学模型的求解方法一般是不同的，通常设计不同数学分支的专门知识和方法，这就要求学生熟练地掌握一些数学知识和方法外，还应具备必要时针对实际问题学习新知识的能力，同时，还应具备熟练的计算机操作能力，熟练掌握一门编程语言、一个数学工具软件和一个专业统计软件的使用。其次，对于所求的解，必须要对模型解的实际意义进行分析，即模型的解在实际问题中说明了什么、效果怎样、模型的使用范围如何等。同时，需要掌握必要的误差分析灵敏度分析等工作。最后，学生应掌握模型的求解与检验的结果翻译到实际问题，检验模型的合理性和适用性，如果结果与实际情形不符，则需要对模型进行改造，一个好的模型不应该对问题中所给出数学的结构有过多的依赖，而应该是对一般问题本质的描述，还应该对模型进行优缺点分析，也就是模型的检验，这是对模型特性和本质的更深刻认识。在本阶段，教学对象可根据实际情况选拔数学基础好、计算机应用能力较强的学生，结合数学建模竞赛开展教学，利用历年全国大学生数学建模竞赛进行经典范例的模拟，同时还要强化学生对数学软件的掌握和应用，以及介绍查阅资料和论文写作的技巧，有意识地培养学生的团队协作精神，不怕困难的意识，不断提高学生的思维能力与实践能力。

第五章　PBCS模式下高校数学建模教学的实践与探索

随着我国经济的快速发展对创新人才的要求提出了新的内容，大量一线技术应用型创新人才和技能型创新人才已成为各类企业实现产业升级和服务升级的关键因素。培养创新人才，既需要造就一批科技创新的领军人才，更需要培养大批在生产第一线、具有创新能力的技术人员。因此，高等教育在教育观念、培养目标、教学内容和方法以及人才培养模式等方面都面临着探索、创新的艰巨任务，特别是在特定人才培养模式下，基础课教学的改革与创新同样具有重要性和紧迫性。因此，高等数学的改革就应以实现数学的应用性作为切入口，而数学建模就是综合运用数学知识和计算机工具解决实际问题的过程，是联系数学和实际问题的桥梁。

数学建模的指导思想是以学生为中心，以问题为主线，以计算机为工具，培养学生应用数学求解实际问题的能力和意识，同时在教学中加深学生对数学概念及定理本质的直观理解，并与所学的专业知识紧密联系起来解决问题。数学建模的开放性使得我们不能采用传统的授课方式进行，因此，我们提出一种新的教学模式——基于问题的合作式学习。

第一节　PBCS教学模式含义

一、PBCS 教学模式含义

许多学校，数学建模教学仍然沿袭传统的教师满堂灌，学生整节课都在记笔记的模式。这样的教学只能把学生的思维限制在特定的时间、空间所抄的笔记上。学生的独立思考、分析、解决问题的能力得不到锻炼，更谈不上协作创新意识的培育。因此，必须改革现有的课堂教学模式。

首先，传统的课堂授课模式过分注重教师的主体作用，压抑了学生的主动性和积极性，忽视了学生自我探究能力和自主学习的素质能力培养。

其次，课时量不足。随着高校院校培养模式的转变，对基础课的课时有了严格的限制。对于数学建模课程教学，在有限的教学时间里取得较好的效果，这就要教师探索新的教学方法。

如何实现"以学生学会学习、学会合作为中心"以培养具有创新意识的 21 世纪人才为核心的新型教学模式，值得我们思考。因此，我们整合"基于问题的学习模式"（Problem Based Studying，PBS）和合作学习模式（Cooperation Studying，CS）两种教学模式为一体，提出一种新的教学模式"以问题为基础的合作式学习"（Problem Based and Cooperation Studying，PBCS），进行建模的教学实践活动。从而促进学生学会独立思考、分析问题，学会与他人合作。

该模式的主体思路是要在教师的引导下学生通过小组之间的合作谈论，制定学习计划和任务，选择学习方式，进行自主学习的过程。在学习中，教师主要起引导作用，包括任务的设定，教师设定一些环环相扣的任务，引导学生合作式地去完成。在引导时，教师可以为学生提供相应的资料和知识，任务完成后，教师和学生一起进行交流，反思任务完成的效果。

二、PBCS 教学模式的主体设计

PBCS 中教师并不以演讲者身份出现在学生面前，而是学生在教师的指导下以合作的形式进行自主学习。学生只有在整合自我建构与他人建构的基础上，才可能超越自己一个人对事物的理解，从而形成新的认识。

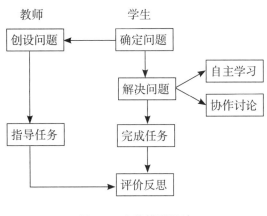

图5-1　主体模型设计

第二节　PBCS教学模式的具体实施

一、PBCS 教学模式的实施过程

实施过程如下：

（1）成立合作小组

教师将学生按照异质分组的原则，3～5人一组（擅长数学或计算机编程或写作的），这样每个小组成员都能发挥自己的专长。

（2）教师精心设计任务

教师根据教学目标，把知识与技能、方法与过程、创新能力的培养融入每一个任务中，使任务具有探究性、创造性。比如在人口预测问题中就可以给学生布置如下几个任务：①预测的一般方法有哪些？②什么是 Malthus 模型？③如何预测模型？如何求解微分？这样一个复杂的问题，在学生了解后，教师可以引导学生一起分析问题，降低问题的难度，以减少学生对问题的恐惧，任务分解时也要注意要环环相扣，要让学生一步步地去解决。PBCS 教学模式正是从心理学角度出发，让学生对问题先进行感知，然后再巧妙地将这些枯燥的理论分解成一个个的小问题，一环紧扣一环，使学生克服了对本模型的"畏惧"心理。

（3）引导学生完成任务

在课堂上，由不同组的学生分别提出解决问题的方法，最后由教师或学生进行小结。在学习讨论过程中，教师既是学生学习的引导人，又是学习的合作者。在此过程中，学习者需要完成两个任务，一是小组内同伴合作，对问题进行深入的分析；一是与同伴一起进行探究活动，找到解决问题的有效途径。在该阶段，教师在学生的完成任务的过程中起到指导性的作用，帮助和引导学习者进行自主学习。在进行任务引导时，教师要注意明确学生是学习的主体，自己是辅助者，教师和学生都应打破传统课堂的约束，打破原有的满堂灌式的教学，要让学生发挥自己的主动性，去解决问题，探究问题。这一阶段是学生拥有思考、自身理解的机会，是学生超越自我的过程。在教学中，学生初步形成知识之后，教师组织各小组成员一起，进行讨论。针对之前初步形成的知识，不同学生之间交流对问题的思考认识，进而进行求解问题。

（4）展示成果，进行交流

通过一段时间反复的协作、交流、碰撞，各小组将建立数学模型，并将数学模型以论文的形式呈现出来。各小组选出一名代表交流建模思想，互评建模论文，达到资源共享。

如果问题完成后还可以再进一步推广问题，此时教师可以再次进行任务设计，对问题进行提升，以提高学生的举一反三的能力。同时，教师在这一阶段也需要进行自我反思，寻找到课堂需要改进的方面。

（5）学习反思

学习反思主要是自我评价与同伴评价自我评价。评价人向学习集体报告本组的学习成果，其他同学根据报告内容进行自由提问，报告人和其组员对这些提问进行答辩。教师作为一名听众，与其他同学一样不时提出疑问。

二、PBCS 教学模式的分组模式

在 PBCS 教学模式中，学生是任务完成的主体，并且学生是以合作的形式完成任务的，因此第一步是先进行分组，分组的规模一般是可以变化的，主要看问题的难易程度，学生的合作效果，以及解决问题所需的时间等等来决定。一般而言分组人数大概在 3～4 人，如果是数学建模的问题，可以设定为 3 人一组，每个组员都有自己的优势，并且组员之间要注意沟通、交往、表达。如果所需要的教学时间较长，可以组成较大的小组，如果解决所需时间较短，则组员应少些，从而保证每个组员都有机会参与问题解决。在小组合作中除了要注意小组的规模外，还要注意小组成员的结构，即组成研究小组的素质、能力等情况。

常见的分组方式有自由组合、固定分组和混合编组三种。自由组合是指学生按照自己的意愿结合而成的小组，人数通常不固定，是一种随机性组合。因为小组成员是自愿组合成一组的，常常有共同的兴趣爱好，相处比较融洽，提高合作效率，但也会使性格比较内向，与其他同学交往较少的同学受到冷落，不知该去哪个小组，不利于某些同学身心健康。固定分组是指根据班级座位相对固定的特征，将前后桌的同学组成一个小组。这样的分组方法简单易行，平时前后桌同学也更熟悉些，使合作更容易进行，同时小组成员之间隔的距离也较近，方便就某个事情沟通观点，交换看法，甚至在课间，在聊天中也可以继续进行沟通交流。但是固定分组方法对于各个小组来说也不完全公平，各组织间成员结构有差异，如果前后桌的成员解决问题能力都偏低，可能跟不上其他小组学习不发，能力差的成员也难得到能力较高的成员帮助。混合编组是指把成绩或能力好、中、差等不同成就层次的同学组合到一起，形成一个小组，从而使小组中包含着好、中、差不同成就层次的同学，保证了小组成员的多样性。教师合理安排小组结构，使各小组成员在学业成就、能力、性别、家庭背景等各个因素搭配比较合理。这种分组方法可以使小组成员相互学习，都可以在合作中受益，成绩较低或能力较弱的同学可以在其他同学的帮助下掌握解决问题技能，提升自信心。总之，教师可以根据学习任务性质及学生实际特点，选择合适的分组方法，也可以几种方法结合起来使用，建议采用组间同质、组内异质的形式，使各组织间公平竞争，各小组内部成员优势互补。

三、PBCS 教学模式的任务设计与教师引导

（一）设计问题

设计问题是 PBCS 教学模式的第二步，也是最关键的一步，问题设计的好坏关系到教学的效果和任务完成的效果。在设计问题时一般是针对具体的问题进行设计，有时候也可以对这一类问题或者这一门课程进行问题设计。问题的设计一般是引导教学的教师，可以一位，也可以有多位，包括辅助教学的教师。涉及的问题要符合学生掌握知识的真实情况，同时还要符合教学目标，以引导学生完成任务。

教师在设计问题后，要从教学的主体学生出发，要考虑学生的兴趣，要设计出可以激发学生兴趣的问题，要让学生感受到问题的重要性和意义，愿意去解决问题。我们要权衡学生的兴趣及学生扮演角色在解决问题中设计的知识、技能和是否能实现教学目标等为学生选择一个较为适合的角色。

（二）引导学生完成问题

PBCS 教学虽然鼓励学生主动学习、合作学习，但并不意味教师不参与教学，教师依旧可以帮助学生了解知识的。在教师设计好问题后，需要教师引导学生去完成任务。在学生完成任务的过程中，教师可以适当的讲解学生在完成任务中出现的疑惑，由于此时学生是处于渴求学习知识的阶段，因此，这个时候的教师讲授将会比直接讲授有更好的效果。教师的适当引导可以防止学生在学习和完成任务时发生偏差，以产生良好的教学效果。

训练学生解决问题过程中要注意训练学生的思考能力和创新能力。教师可以通过诊断、提问、指导及示范的方式来提升学生的思考力。为了促进学生对问题的理解及找到解决问题的方法，教师要对学生进行诊断，找准他们处于什么水平，他们需要学习什么。因此，在学生活动时，教师要时刻观察学生，在学生讨论时要仔细倾听他们谈话内容。

PBCS 教学模式的教师在引导学生完成任务时还要注意训练学生的创新能力和思考能力。教师可以通过提问等方式来引导学生进行思考，并进行判断学生掌握知识的情况，要时刻密切留意学生之间谈论的问题，并督促和引导学生找到解决问题的方法。在提问和引导时，可以让学生采用图示，图表的方式将问题描述出来，以增加学生对问题的直观认识，从而确定以何种形式向学生提供何种帮助。教师也要适时地引导学生从不同角度去思考问题，加深学生对问题的理解，而且能够训练学生的创新思维。

引导的过程中也要多提问题并耐心等待，给学生思考的时间，帮助学生对问题和知识的更深入的理解。为了促进学生对问题的理解，教师不能直接替学生去思考或者是告知如何去思考，而是在学生快思考出来却不能思考出来给学生以启发，同时，教师也可以亲自示范,教师可以向学生示范自己是如何思考问题,如何解决问题,以帮助学生对问题的理解。

四、PBCS 教学模式中的反思与监管

（1）在问题反思的时候，可以采取创新性的反思方式，比如，可以采用批判性的反思、假设性的反思等，对已有的结果和原有的经验可以提出反思，教师仍旧是引导学生反思，让学生依旧是小组合作式地进行反思，思考问题，解决问题，推广问题，教师要适时引导，可以重新设定任务，小组合作式地完成任务。

在反思的时候，学生也可以质疑，比如"我感觉这个结果不太对劲"等，此时，教师可以对学生所做的结果进行评价，并引导学生进一步修正问题的结果。

（2）教师在整个 PBCS 教学中要对学生搜集和共享信息的过程，以及其他学生学习活动进行管理和监控，保障每一个学生都参与到教学活动中。调控问题解决的过程，在集体活动时对同学提出要求和建议，对于集体活动中出现的困难给予帮助，使学生的学习活动井井有条，秩序井然。因此，教师要发挥自身的监管作用，要对学生的任务完成情况进行监管，要注重学生完成的过程，并及时进行问题的反馈。在评价任务完成情况时，可以采用多元化的评价方式，可以提问，可以让学生答辩，可以让学生描绘整个任务完成的情况，也可以学生之间进行任务的打分，同时还要根据学生在小组合作中的协作情况。总之，教师在反思和监管中要起到引导学生和激发学生思考的作用。

第三节　基于PBCS的数学建模教学活动的具体案例的实施

一、案例一：数据拟合与插值

在解决实际问题的生产（或工程）实践和科学实验过程中，通常需要通过研究某些变量之间的函数关系来帮助我们认识事物的内在规律和本质规律，这类问题就需要建立起一定的函数关系。

例 1　已知热敏电阻数据如下表所示：

表5-1　电阻数据

温度t（℃）	20.5	32.7	51.9	73.0	95.7
电阻R（Ω）	765	826	873	942	1032

求：60℃时的电阻 R。

如上述例题中温度 t 与电阻 R 之间关系，而这些变量之间的未知函数关系又常常隐含在从试验、观察得到的一组数据之中。因此。能否根据一组试验观察数据找到变量之间相对准确的函数关系就成为解决实际问题的关键。教师通过创设教学情境，使学习直观化和形象化，从而激发学生联想，唤起学生原有认知结构中有关的知识、经验及表象，从而使学生利用有关知识去"同化"或"顺应"所学的新知识，发展能力。

（1）成立合作小组

（2）确定学生学习任务

在创设的问题下，设计与当前学习密切相关的任务为学习的中心内容，让学生面临一个需要立即去解决的现实问题。比如，我们可以设计如下的任务：①电阻和问题之前的散点图是什么？②散点图具有什么样的函数关系？③如何确定函数关系式里面的参数？

（3）引导学生完成任务

通过第二步设计的任务，教师引导学生先画出所给数据的散点图，寻找规律，建立函数关系，要求每一小组都建立一个模型。在完成任务时，教师要让学生明确自己的任务，要让学生合作完成任务，每个小组要进行合适的分工，小组成员之间要相互合作，充分发挥自己的主动性。

（4）展示成果，进行交流

通过一段时间反复的协作、交流、碰撞，各小组将建立数学模型体现出来。本案例中的具体模型如下：

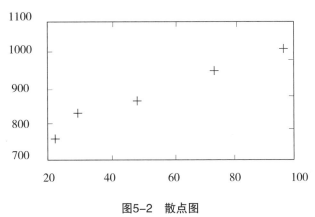

图5-2　散点图

通过散点图，判断电阻和时间的函数关系为一次函数，设函数关系式为：$R=at+b$ 其中，a，b 为待定系数。通过 MATLAB 命令，polyfit（x，y，m）得出 a，b 的值 $a=3.3940$，$b=702.4918$

（5）学习反思

本例主要是进行简单的一次函数拟合，通过本例的学习要掌握不同的函数关系的散点图，会用 MATLAB 求拟合参数。

例2　表 5-2 所列数据为 1977 年以前六个不同距离的中短距离赛跑成绩的世界纪录。试用这些数据建模分析赛跑的成绩与赛跑距离的关系。

表5-2　赛跑成绩数据

距离x（m）	100	200	400	800	1000	1500
时间t（s）	9.95	19.72	43.86	102.4	133.9	212.1

（1）成立合作小组

（2）确定任务

可以对对学生布置如下任务：①在实际问题中，通过观测数据能否正确揭示距离 x 与时间 t 之间的关系，进而正确认识分析成绩与赛跑距离之间的内在规律与本质属性？②如何对观察数据处理方法进行选择，插值方法之中、拟合方法之中又选用哪一种插值或拟合技巧来处理观察测试数据？③如何对所得数据拟合问题进行区间估计或假设检验的统计方法？

（3）引导学生完成任务

在设定好任务后，要想学生有效地合作学习，就需要适时的进行引导，比如本例中，可以引导学生回顾一下插值和拟合的区别以及 MATLAB 中插值和拟合的命令，引导学生进行模型的建立。

（4）展示成果，相互交流

对于上述例题模型建立一次函数关系：通过散点图，判断电阻和时间的函数关系为一次函数，设函数关系式为：$t=a+bx$ 其中，a，b 为待定系数。通过 MATLAB 命令，polyfit（x，y，m）得出 a，b 的值，$a=9.99$，$b=0.145$。小组之间互相交流发现 $x < 68.89$，时 $t < 0$，当 $x < 100$，$t < 4.51$，和实际情形差距较大，因此需要改进模型。

再次引导学生进行完成任务，此次可以设计任务如下：①是否可以尝试采用幂函数模型？②如果采用幂函数模型，这种非线性的拟合参数如何来求？③非线性的拟合如何转换为线性拟合？

通过任务分解，继续完成任务，建立如下的非线性模型：$t=ax^b$，将非线性的模型通过取对数的形式转化为线性模型，$z=lna+blnx$，在通过 MATLAB 线性拟合命令，求解出参数 $a*=-3.0341$，$a=ea*=0.048$，$b=1.145$，则新的函数关系如下：

$$t=0.048+x1.145$$

（5）学习反思

本例中建立的模型通过检验发现一次函数关系和实际情形差距较大，因此，需要进一步改进模型，学生在今后建立模型时要注意模型的检验，看是否符合实际要求，若不符合，则需要增加条件对模型进行改进。另外，对于非线性的模型要会转化为线性，这里包括对于反比例函数，指数函数的转化，可以再次引导学生进行练习非线性模型转化为线性模型的计算。

二、案例二：微分方程模型

微分方程模型是实际问题需寻求某个变量 y 随另一变量 t 的变化规律：y=y（t），一般很难直接建立二者之间的关系，但是通过实际问题可以建立未知变量导数的方程，这类问题都属于微分方程模型。

（1）成立合作小组

（2）设定任务，引入问题

首先让学生主动去了解微分方程，设定如下任务：①什么样的问题可以用微分方程建立？②微分方程建模的步骤是什么？③如何将实际问题转化为数学式子？④如何进行微分方程的求解？

例3 物体冷却问题。

一个较热的物体置于室温为 18℃的房间内，该物体最初的温度是 60℃，3 分钟以后降到 50℃。想知道它的温度降到 30℃需要多少时间？10 分钟以后它的温度是多少？

再次设定任务如下：①本体所用物理知识是什么？②本题在采用定律时应该做何种假设？③通过哪句话可以建立数学式子？④所建立的模型属于微分方程模型吗？⑤如何求解模型？

（3）引导学生完成任务

本例所涉及的问题属于微分方程模型，在微分方程建模时，需要搞清楚建模的机理是什么，例如本例可以采用牛顿冷却定律（将温度为 T 的物体放入处于常温 m 的介质中时，T 的变化速率正比于 T 与周围介质的温度差）来进行建模，建模中需要假设假设房间足够大，放入温度较低或较高的物体时，室内温度基本不受影响，即室温分布均衡，保持为 m。设物体在冷却过程中的温度为 $T（t）$，$t≥0$。由 T 的变化速率正比于 T 与周围介质的温度差，

翻译为 $dT(t)/dt$ 与（T-m）成正比，建立模型如下：

$$dT(t)/dt=k(T\text{-}m)；T(0)=60$$

求解模型得到：$T(t)=18+42e^{(1/3\ln16/21)t}$。

（4）展示成果，相互交流

对于上述问题，各个小组将建立的模型进行展示，通过计算可得，该物体温度降至 30℃需要 8.17 分钟。

（5）学习反思

本例中建立的模型是通过物理中的牛顿冷却定律得到的，相应的问题比如，考古文物年份的判定，放射性元素的衰变，药物浓度的变化等等都可以采取这样的丰富求解，要学生学会举一反三。

例 4　人口预测问题

人口问题是当前世界上人们最关心的问题之一。认识人口数量的变化规律，作出较准确的预报，是有效控制人口增长的前提。

（1）成立合作小组

（2）设定任务

在前期了解了微分方程模型的基础上制定如下问题：①分析影响人口增长的因素：人口基数，出生率与死亡率的高低，人口男女比例，人口年龄组成，工农业生产水平的高低，营养条件，医疗水平，人口素质，环境污染。还涉及到各民族的风俗习惯，传统观念，自然灾害，战争，人口迁移等，对人口增减有很大影响。②这些因素中哪些是非常重要必不可少的？③建立的模型属于哪一类数学模型？④建立模型的假设是什么？那些因素可以忽略？

（3）引导学生完成任务

本例所涉及的问题属于微分方程模型，首先可以引导学生回顾银行存钱的例子，建立一个只有人口增长率的简单模型，通过小组之间讨论，验证了模型不合理，参考课本，建立马尔萨斯假设：人口增长率 t 是常数（或单位时间内人口的增长量与当时的人口成正。记时刻 t=0 时人口数为 t_0，时刻 t 的人口为 $x(t)$，由于量大，$x(t)$ 可视为连续、可微函数 t 到 $t+\Delta t$ 时间内人口的增量为：

$$\frac{x(t+\triangle t)-x(t)}{\triangle t}=rx(t)$$

于是 $x(t)$ 满足微分方程：

$$\begin{cases} \dfrac{dx(t)}{dt}=rx(t) \\ x(0)=x_0 \end{cases}$$

解微分方程得：$x(t)=xe^{rt}$。

（4）展示成果，相互交流

（5）学习反思

本例中建立的模型通过检验发现误差较大，教师科研引导学生进行分析，发现这种模型得到的人口会无限地增长，不符合实际情况，因此可以再次引导学生，布置新的任务：①人口在增长的时候会无限制地增长吗？②人口在增长的时候增长率会随着哪些因素而递减？

研究原因，发现人口的增加，自然资源、环境条件等因素对人口增长的限制作用越来越显著，如果当人口较少时人口的自然增长率可以看作常数的话，那么当人口增加到一定数量以后，这个就要随着人口增加而减少，于是应该对指数增长模型关于人口净增长率是常数的假设进行修改。最简单假定人口相对增长率随人口的增加而线性减少人口增长率 r 为人口 $x(t)$ 的函数 $r(x)$（减函数），$r(x)=r-sx$，r，$s>0$（线性函数），r 叫作固有增长率；自然资源和环境条件年容纳的最大人口容量 x_m。当 $x=x_m$ 时，增长率应为 0，即 $r(x_m)=0$，于是，代入 $r(x)=r-sx$ 得：$r(x)=r(1-x/x_m)$。

建立新的模型：

$$\begin{cases} \dfrac{dx}{dt} = r(1-\dfrac{x}{x_m})x \\ x(0)=x_0 \end{cases}$$

解得

$$x(t) = \frac{x_m}{1+(\dfrac{x_m}{x_0}-1)e^{-rt}}$$

此时通过建立的模型进行再次进行预测，预测结果发现效果较好。通过本例，教师可以引导学生对于同类问题进行练习，比如，养老金的缴纳问题，都可以采用这种阻滞增长模型进行求解。

三、案例二：线性规划

线性规划是运筹学中研究较早、发展较快、应用广泛、方法较成熟的一个重要分支，它是辅助人们进行科学管理的一种数学方法。在经济管理、交通运输、工农业生产等经济活动中，提高经济效果是人们不可缺少的要求，而提高经济效果一般通过两种途径：一是技术方面的改进，例如改善生产工艺，使用新设备和新型原材料。二是生产组织与计划的改进，即合理安排人力物力资源。线性规划所研究的是：在一定条件下，合理安排人力物力等资源，使经济效果达到最好。一般地，求线性目标函数在线性约束条件下的最大值或最小值的问题，统称为线性规划问题。满足线性约束条件的解叫作可行解，由所有可行解组成的集合叫作可行域。决策变量、约束条件、目标函数是线性规划的三要素。

线性规划法是解决多变量最优决策的方法，是在各种相互关联的多变量约束条件下，解决或规划一个对象的线性目标函数最优的问题，即给予一定数量的人力、物力和资源，如何应用而能得到最大经济效益。其中目标函数是决策者要求达到目标的数学表达式，用一个极大或极小值表示。约束条件是指实现目标的能力资源和内部条件的限制因素，用一组等式或不等式来表示。

线性规划法一般进行三个步骤：

第一步，建立目标函数。

第二步，加上约束条件。在建立目标函数的基础上，附加下列约束条件

第三步，求解各种待定参数的具体数值。在目标最大的前提下，根据各种待定参数的约束条件的具体限制便可找出一组最佳的组合。

四、案例四：层次分析法

问题是 PBCS 教学模式的核心，也是该模式课堂教学的起点。这些问题可以来自于真实情景或者指导者创设情境中的不良结构问题。日常生活中的许多问题都可用层次分析法解决，如中学生升学考试时需要在许多大学中作出最理想的选择；公司招聘员工时希望从众多应聘者中选择综合情况最好的几个；放假外出旅游时需要在众多的旅游景点中作出选择。这些问题可以由教师直接给出，或是由学生在情境中通过初步感知问题的存在，从而发现、提出问题。发现问题、提出问题是培养创新实践能力的关键。因此，教师应尽可能创设情境，让学生自己产生问题。然而，如果问题是由指导者提出，那么其后指导者需要给予学生一定的时间思考，形成对问题的初步认识。从学习者的角度来说，学习者对这些问题的感知是开展自主探究的前提。因此，感知问题是 PBCS 教学模式的第一阶段。不论问题源自何处，学生在探究前需要充分意识到问题的存在，产生内在困惑，形成问题意识。在该阶段，教师的角色可以是问题的提出者、引导者或情境创设者，其最主要的任务是创设情境，激发问题的产生，引导学生思考问题。

例 中学生普遍希望到一所好的高校就读，但对学校的评价往往掺杂了许多主观因素。要对自己所考虑几所学校进行客观分析，需要有一种定量的方法。这里可以用层析法进行学校的选择。

（1）成立合作小组

（2）设定任务

教师根据问题此时可以设定如下的问题：①建立层次结构模型。在深入分析实际问题的基础上，如何将有关的各个因素根据不同属性自上而下地分解成若干层次？②如何构造成对比矩阵？从层析结构模型的第2层开始，对于从属于（或影响及）上一层每个因素的同一层各个因素，用成对比较法和1-9比较尺度构造成对比较矩阵，直到最下层。③如何计算权向量并作一致性检验？若成对比较矩阵 A 具有性质，则称 A 为一致性矩阵，一致性矩阵有很多良好的性质，很容易就得出该层因素对上一层某有一因素重要性的权重（用权向量表示），但由于人们的主观判断影响，构造的矩阵不一定都是一致性矩阵。④计算组合权向量并做组合一致性检验？上面得到的是一组元素对其上一层戏中某元素的权向量，最终要得到的是各元素，特别是最底层中个方案对目标的组合权向量。

（3）引导学生完成任务

设某一中学生要在 A、B、C 这三个学校作出选择。这个问题可以分为三个层次，最上层为目标层，即学校的综合实力，用 U 表示；最下层为方案层，即选取哪个学校，用 P_i 表示；中间层为准则层，不同的人可取不同的准则，在这里可以取科研成果、师资队伍、学习环境、校风建设这四个准则，用 C_i 表示。接着，可以构造成对比较矩阵，计算相应

的最大特征根、特征向量。并进行一致性检验。

（4）展示成果，相互交流

对于上述问题，各个小组将建立的模型进行展示，并分析各自的结果。

（5）学习反思

教师引导学生对于评价类的模型进行求解时，可以考虑尝试采用其他的评价方法，比如模糊综合评判法，等等，另外此类问题可以推进到学生对于宿舍的选择，空气中污染物的判定，等等。

第四节　PBCS教学模式融入高数课程教学

PBCS教学模式在数学建模教学中让学生带着问题合作式地去完成任务，这种教学方式培养了学生自主学习的能力和创新意识。同样在高数教学中也可以尝试将这种教学模式应用于课堂教学，下面我们可以以"定积分的几何意义"的教学为例，推广到其他的教学内容上。

例　定积分的几何应用。

首先由教师讲授定积分的微元法的思路，并给出利用定积分求解不规则图形的面积，随后教师布置例题：计算由两条抛物线 $y^2=x$ 和 $y=x^2$ 围成的图形面积。

（1）成立合作小组

（2）教师精心设计任务

本例中可以给学生布置如下几个任务：①两条曲线的图形是什么？②两条曲线有没有交点？③如何求交点？④积分变量如何确定？⑤面积元素是什么？⑥如何写出积分表达式？这样一个复杂的问题，在学生了解后，教师可以引导学生一起分析问题，降低问题的难度。

（3）引导学生完成任务

在分解了入伍后，教师科研引导学生一起完成这个问题，首先画出图像，寻找出两条曲线的交点：

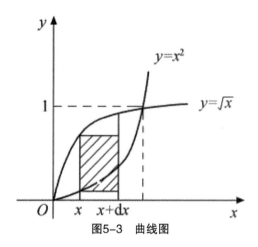

图5-3　曲线图

如何确定积分变量为 x，由方程组 $\begin{cases} y^2 = x \\ y = x^2 \end{cases}$

解得两抛物线交点为（0，0）、（1，1），可知所求图形在直线 $x=0$ 及 $x=1$ 之间，即积分区间［0，1］。

然后再在区间［0，1］上，任取小区间［x，$x+dx$］对应的窄条面积近似于高为 $\sqrt{x}-x^2$，底为 dx 的小矩形面积，进而得面积元素

$$dA = \left(\sqrt{x} - x^2\right)dx$$

最后求得所求图形面积为

$$A = \int_0^1 (\sqrt{x} - x^2)dx = [\frac{2}{3}x^{\frac{3}{2}} - \frac{x^3}{3}]\Big|_0^1 = \frac{1}{3}$$

（4）展示成果，进行交流

通过一段时间反复的协作、交流、碰撞，各小组将得到结果进行展示并进行交流。

（5）学习反思

此例题中，教师可以引导学生考虑积分变量有没有可能取 y？并要求学术总结求平面不规则图形的面积的步骤有哪些？并进行推广到求体积的问题。

第六章　融入数学建模的高校数学 "三位一体" 教学实践与探索

　　目前职业技术教育事业发展非常迅速，随着高校教育人才培养方式和目标定位的清晰，以"必需、够用"原则下的课程体系改革成为必然。高校数学作为职业教育培养体系中的公共基础课，更要体现"必需、够用"的原则，更要关注学生职业能力的提高，更要注重学生的知识应用能力、学习能力与创新精神的培养。而现行的高校数学对于数学的应用性不够重视，使得传统的学科体系下的高等数学教学模式在高校数学教育中举步维艰，学生的基础薄弱，部分学生的学习能力有所欠缺，学习状况令人担忧，这就要求教师打破传统的数学教学的桎梏，不断优化高校数学教学结构，寻求更为积极有效的教学方式，给学生多元化、全方位的学习指导，以提高高校数学教学对于学生的创新能力和职业化能力的培养。

　　因此，如何更好地进行高校数学的教学改革，以适应国家创新人才培养的目标，成为高校院校急需待解决的课题。本章主要结合数学建模对高校数学教学进行改革探索，就高校数学教育中存在的一些矛盾与问题进行深层次的分析，旨在在高校教育理念的指导下，探索一种新的教学模式，结合笔者所在学校提出了融入数学建模思想的高校数学"三位一体"的教学模式，以期望培养高校学生自主建构知识的能力，拓宽高校数学学习的覆盖面，从多方位、多角度、多层次配合数学建模活动的开展，使得高校数学和数学建模的教学在时间和空间上都得到极大的延伸。

第一节　高校数学教育的现状与意义

一、数学教育的重要性

　　数学是人类社会进步的产物，也是推动社会发展的重要动力，数学在人类文明的进步和发展中一直在发挥着不可替代的重要作用。2005 年教育部高等学校非数学类专业数学基础课程教学指导委员会在修订的"工程类本科数学基础课教学基本要求"中指出："数学不仅是一种工具，而且是一种思维模式；不仅是一种知识，而且是一种素养；不仅是一种科学，而且是一种文化，能否运用数学观念定量思维是衡量民族科学文化素质的一个重要标志。数学教育在培养高素质科学技术人才中具有其独特的、不可替代的重要作用。"由于数学特有的性质使其成为工程、自然、经济和社会领域发展的强有力的工具，很多问题最终都要转化为数学来进行求解。那么数学教学的重要性具体就体现在如下方面：

　　（1）数学是其他课程的基础，是学生素质教育的重要内容，数学教学对于学生在形成科学世界观和理性精神方面发挥着举足轻重的地位。

　　（2）数学具有高度抽象性、严密逻辑性、广泛应用性等特点。通过数学教育可以培养学生的空间想象能力、逻辑思维能力、以及应用数学方法分析解决实际问题的能力。

二、数学教育的现状

随着市场经济的发展，以及数学与各种科学技术的紧密结合，人才市场上各个行业都需要具有良好数学基础、动手能力强的工程技术人才。在科研和生产当中，科学计算能力是工程技术人员重要的基本功，掌握最新的科学计算软件、建立适当的计算模型、采用正确的计算方法、实现高效的编程和运算、对计算结果做正确的表述和图解等多方面的综合能力，这是创新型人才所必须具备的素质和能力。现今计算机技术的发展日新月异，多媒体技术日臻完善，成熟的数学软件也非常多，而传统的数学教学方式没有对这些新技术和新方法加以合理的利用，导致数学教育方式上的落后。学生在学习数学时不知数学有何用途，学用脱节，只是为通过考试而学数学，不能激发学生学习数学和应用数学的兴趣和积极性。

（1）教学内容只是单纯的理论缺乏实际应用，一般是直接给出概念，然后对概念进行推导验证，而忽视了概念本身的实际意义，过分重视知识的灌输，过分强调反复讲解与训练，学习的知识得不到迁移，以至于学生搞不清为什么学习数学，反而认为学数学没有用。

（2）教学模式单一，主要是教师教，而忽视学生的学，信息交流的方式是一种由教师到学生的单向交流模式，学生自主探索、合作学习、独立获取知识的机会不多，教师也很少注意引导学生观察问题、解决问题，忽略对学生能力的培养，导致学生"今天学会、明天全忘"，不利于学生独立探究能力和创新实践能力的培养。

（3）考核的形式也仅仅限于笔试，较为单一，通常都是一张试卷定结果，不能很好地考察数学教育对于学生能力的培养，学生对数学学习消极．没兴趣，缺乏信心。

（4）教材比较偏重逻辑性，考虑在专业课中的应用少。强调结构严谨，偏重知识的传授，对知识的发生发展过程、学生的数学学习特点、应用数学只是解决实际问题等重视不够。

为了适应现代社会对人才的需求，必须对高等数学的教学模式和内容体系进行改革。引进现代化的教学手段和技术，学用结合，提高学生的数学思维能力和动手能力。通过高等数学的学习，使学生具备良好的数学素养和较强的科学计算能力，能够运用数学知识解决各专业在实际中所遇到的问题。

三、高校数学教学中的存在问题

对于高校高专院校而言高等数学作为一门必修的公共基础课，对于培养学生的职业素养起着至关重要的作用，而在高校数学教学实践中，学科体系的特点与高校学生特质以及现有的教学模式容易使学生在数学学习过程中产生消极性思维，这种思维的产生显然会妨碍数学学习中的创造性思维的培养与发展，不利于学生对数学知识的掌握。尤其是高校高专院校由于培养的是技能型人才，对数学课程的要求相对本科院校较低，学生基础薄弱，师资也落后于本科院校，因此，目前我国诸多高校院校的数学教学改革还是远远落后于本科院校，不仅进程缓慢，而且成效也不佳，因而不能很好地符合高校院校人才培养的目标。除了单一的教学内容、教学方式和教学资源和已经不能适应现有的教学目标，目前高校数学教育还存在以下的一些问题：

（1）高校教育强调学生对相应职业技能的掌握，强调学生的操作能力，一般把教学重点放在专业课的教学和职前实训上，基础理论课教学课时一般都不多，所以对于公共基础课教学而言教学课时相对不足。像笔者所在学校的高校数学课程只有 80 课时，按照高等数学的教学内容只能讲授到一元函数微积分，所以学生掌握的数学知识太薄弱，这对数学建模活动的开展也带来了不利。

（2）高校学生的数学基础相对较差。高校的招生对象一般是高考低分的学生，数学基础相对较差，接受知识慢，对数学的学习兴趣也不高，自然也就不愿意参与到数学建模活动中。

（3）数学建模课程在高校院校中开设得较少，大部分高校院校的数学建模活动仍是以参加竞赛为单一目的，并没有很好地将数学建模思想融入高校数学教学中，数学的实践不能通过数学建模很好地展示，受益面不够大。

（4）高校数学相关的在线开放课程资源内容较少，大部分是本科版的，高校学生不能很好了进行自主学习。

（5）由于现在高校学校各专业生源质量不一，不同专业对数学的需要掌握的程度和重点也不尽相同，所以，如果用同样的试卷去考核不同专业的学生，则很难兼顾全部的学生。另外，由于高校的生源的基础普遍较低，而且现阶段的教学资源短缺，学生层次的不同，使得高等数学成绩不及格率较高，因此必须要改革现有的考核方式，以适应现行的情况。

这些都严重制约了高校学生逻辑思维和创新思维的培养，更不利于学生未来职业生涯的发展，同时也给高校数学教学带来了诸多困难。因此，为了更好地适应高校学生学习的现状，需要紧紧围绕高校教育的培养目标，从高校学生最根本的需要和高校院校人才培养目标出发，对高校数学课程的教学重新进行设计和实践，已是迫在眉睫。

四、高校数学教学改革的意义

随着高校高专教育的竞争越来越激烈，高校数学的改革不仅是为了适应高校教育的培养目标，而且更重要的是为了培养具有能力的高端技能型人才。高校数学的改革有利于提高学生的创新能力的培养，有利于提高办学质量，有利于提升高校院校发展的竞争力，扩大高校院校发展的空间。因此，高校数学的教学改革在高校教育中具有深远的意义。

（1）高校教育的培养目标是培养高端技能型的人才，而不是工程型或学术型的人才，因此，高校数学的教学要适应实践教学。通过高校数学课程的教学改革，使高校数学教学不仅仅是为了简单的理论知识的传授，而是提高学生的数学素养，推动学生的全面发展。

（2）高校数学的教学活动需要体现数学的工具性作用，也就是提升学生利用数学知识解决实际问题的能力。对高校学生而言，更注重动手能力的培养，而现有的课程体系已不能适应社会发展的要求，通过高校数学教学的改革，使高校数学教学更适应高校教育培养目标的实现，促进学生的动手操作能力提升，使学生体会到学以致用。

（3）高校学生的学生数学基础差，普遍认为学习数学没有用处，学习的积极性缺失往往是上课听不懂，下课也不去自学消化巩固，加上高校数学的课时相对较少，授课方式还是传统的满堂灌，使得学生对于数学的学习不能适应时代的发展，以及学生自身的发展，因此，通过高校数学课程的教学改革，可以更好地适应高校学生学习的现状。

（4）高校院校教师的教学科研能力相对本科院校较弱，而通过高校数学教学改革可以让教师积极探索教育教学方法，提高教学质量，促进教师个人能力和教学科研能力的提升，同时造就一批具有高水平的师资队伍。因此高校数学教学改革也是加强高校院校数学教师师资队伍建设的需要。

为此，对高校数学课程的教学重新进行设计和实践对于高校教育而言非常重要。总的来说这是学生综合素质提升的需要，是教师能力发展的需要，是高校教育可持续发展的需要，也是高校学生生存立业之本。

五、高校数学教育改革应注意的几个方面

随着我国社会主义市场经济的发展，高校院校学生必须要让自己不断前进，不断完善自身的创新创业能力，而数学作为传统的基础学科具有其特殊性，在创新创业能力培养方向上面临着新的机遇和挑战，传统的高等数学教学方法以及内容已经难以满足风云变幻的职业教育的形势，高校数学的教学一定要适合职业院校的培养目标。要以"必需、够用"为原则，淡化系统性和严密性，加强实践环节，从教学内容的组织到教学方法的改革，都要适应学生的思维特征和培养目标，适应职业教育的发展趋势。

随着数学建模竞赛的开展和信息技术的发展，越来越多的职业院校的学生也开始参加这一大赛并受益于大赛，不少职业院校也开始尝试在数学教学过程中，结合高等数学的实际特点，将数学建模的思想与方法从竞赛场引入高校数学课堂，并借助于计算机技术，使数学及其应用通过数字化途径来展示，使学生在实践中学习数学知识。在具体改革的时候必须要注意以下几点：

（1）要体现高校的人才培养目标，要适应现阶段国家倡导的培养创新人才为重任，要坚持走"实用型"的路子，培养学生思维的开放性、解决实际问题的自觉性与主动性，不从理论出发，而从专业实际需要出发。在内容深度上，本着"必需、够用"的基本原则，在内容构架体系上，坚持以实用性和针对性为出发点，以立足于解决实际问题为目的，把教学的侧重点定位在对学生数学应用能力的培养方面。在教学方法上，侧重于对问题的分析，建立数学模型。

（2）要树立新观念：降低重心，加强基础；降低起点，更新内容。要从高校学生的实际情况出发，将繁杂的计算和在实际中应用不多的内容删除，要根据现代信息技术手段引入新的解决数学问题的方法。

（3）要体现数学工具性的特点，弱化推导证明，强化实际应用，重视学生在实际应用中的能力的培养，在教学内容中增加实践性教学环节，提高学生"用数学"的能力。

（4）要突出学生的主体地位，将单纯的教授知识转向知识与能力相统一的局面，将满堂灌的讲课方式转变为学生探究问题，自主学习，协作合作的方式，要突出学生的积极主动的学习过程。要注重学生能力的培养，创新意识的开发和学习方法的转变。

而作为联系数学理论和实际问题的桥梁和纽带的数学建模教育正好适应了这一要求，所以在高校院校开设数学建模课程和组织学生参加建模比赛就成为高校教育改革的重要环节。因此，数学建模活动是高校数学改革的一个很好的切入点。

第二节　高校数学教学改革的常规思路

目前不少院校已经进行了一些高校数学的教学改革，比如，对高校数学进行模块化教学，将数学知识分类讲授；还有与专业课结合，体现数学的服务性特点；再比如还有结合数学建模，进行案例教学等都是为了更好地适应现有的高校教育。下面简单介绍几种常见的改革模式。

一、模块化教学

高校教育中不同专业对于数学的要求都不相同，而现有的高校数学教学都是基本上各个专业采用一样的教学内容，体现不出数学的工具性作用。学生也找不到数学与专业课之间的有机联系，便产生了"学数学有什么用呢"的问题。因此，理论的数学应与实际相联系，与学生的专业知识相联系，强调数学知识在专业中的实际应用，体现出服务性，顺应学生专业发展的需求。因此，需要打破现有的数学理论体系，实行模块化教学，对不同的专业采用不同的教学模块。

一般模块内容的大致分为以下三大模块：基础模块、应用模块、选修模块。

基础模块，主要是思想中的基本概念和理论，对各个专业都适用的知识点，一般包括的内容为：函数与极限、一元函数微分学、一元函数积分学以及常微分方程。

应用模块，主要特点是体现应用性，所有内容都要体现使用，让学生感受"数学有用"。能应用数学知识解决实际问题，强化学生创新精神及综合素质的培养。对于不同的专业选择的模块一般也不同，比如，经济类的专业，可以选择：概率、统计等模块；而电力学科的专业可以选择级数、线性代数等模块。

选修模块，主要是进一步增强学生的创新意识而制定的内容，比如可以选择Mathematical 或 MATLAB 软件的实践性学习，也可以选择和实际应用最接近的数学建模课程的学习。

模块化的教学内容的设计突破了原有的教学体系，它结合了不同专业、不同层次学生的发展需求，不仅可以为专业课服务，同时更能遵循高校数学教学的"致用、够用"的原则。

二、与专业结合，体现出数学服务专业的理念

与前面提到过的模块化相呼应的另一种教学改革就是将高校数学和专业课的内容相结合，体现数学为专业课的服务作用，满足不同专业的需求。

在讲解内容时，引入专业课教学中的例子，通过专业例子的讲授带动学生的学习热情，让学生体会到数学在专业课中的用处，进而对数学的学习产生好感。与此同时，教师由于涉猎学生专业上的知识，有助于树立在学生心中的权威，使得学生更积极地配合学习。例如在讲导数概念时，除了课本中现有的两个例子，还可以结合专业课提出一些变化率的例子，用学生能够接触到的实例讲概念，使学生能够深入地理解数学概念，提高整体教学效果。再比如，在讲授定积分时，可以向同学提出求相关航模原件的面积，看似简单的实际问题，但是却都是和数学紧密相关的，这时候可以和不规则图形的面积相联系，采用定积分集合意义中的面积微元法去进行求解，这样将枯燥的数学知识应用到专业课领域。

数学和专业课的结合，在体现数学服务性的作用同时，也对教师提出了更高的要求，这需要教师不断地进行新知识的学习，还要具备专业背景知识，因此这种改革方式对于高校院校的教师而言难度较大。

三、数学建模思想的渗入及简单数学实验的开设

高校数学在结合专业的同时，就体现了数学的应用性作用，而数学建模正是连接数学和实际问题的一道桥梁，因此，很多学校也致力于将数学建模融入高校数学的教学改革。现有的改革主要是将数学建模思想融入高数的内容体系，让学生在学习的过程中体会建模

的思路，通过对实际问题分析建立数学模型，增强数学应用能力，并帮助学生解决各种实际生活和专业中的问题。

将数学建模思想融入高数教学中，可以激发学生的学习兴趣，培养学生应用高等数学解决实际问题的能力。只要教师在教学中坚持不断地让学生树立数学建模思想，不仅可以让学生学习变得有趣简单，而且可以在很大程度上提高教学质量。

一些院校为提高学生"用数学"的能力，在教学内容中增加了数学实践性教学环节，在数学基础教学过程中，安排了相应的数学实验。数学实验主要是采用计算机语言进行教学，以数学为工具，以建模为思想，对实际问题进行解决。计算机的引入使得学生的学习不再局限于枯燥乏味的计算推导，而是更加注重数学的应用性。这种实践性教学的引入高校数学这样的基础课程，在一定程度上也取得了效果。

但是，这种教学改革对学校的硬件设施要求较高，要有相应的计算机机房的配套使用，因此，对于一些硬件设施配套不足的学校这种改革就不太可能实施。

四、高校数学考核方式的改革

高校教学必须坚持"以应用为目的，以必须够用为度"的原则，这就要求高校数学不管是教学还是考核都要注重应用。尤其是作为监督学生学习的考核，更应当成为一种手段而非目的。高等数学要体现其应用的目的，就需要在考核方式上做较大改革。考核方式的改革不仅降低了考试的不及格率，而且，考核方式的改革也使基础差的学生减少了对数学的畏惧，增加了学生的信心。最关键的是考核方式的改革使学生更好地理解了高等数学的抽象的概念，并且技能操作还促进了学生应用数学的能力，这更好地体现了高校教学的目标。

在具体改革中可以采用多样化的考核方式，重视平时考核，加强实践考核。在上课表现上，可采取学生上讲台讲题等方式，或者分组派代表讲题，或者口头报告，来表达他对所学数学知识的理解情况。这种形式可以使学生对所学的知识进行梳理，深入理解其中的数学方法和思想。这样不仅提高了学生学习数学的积极性，训练了学生的口头表达能力，也使课堂氛围比以往活跃。在动手与创新方面，可采取小论文的形式，论文的主体可以是这一学习学习的心得体会，也可以是对高等数学相关概念的理解，比如，极限、导数等和实际生活的联系。在论文格式上要求要有摘要和参考文献等，这不仅可以体现高等数学在生活中的应用，也为学生写毕业论文打下基础。也可以采取项目课程设计的模式，教师提出问题，学生去收集查阅资料，完成问题。这个问题可以结合数学建模，也可以是小型的调查分析等题目，这样的考核方式既可以由学生的团结合作完成，也可以个人独立完成。

另外有些院校还有其他的考核方式，比如：以赛代考。近几年全国大学数学建模竞赛在高校院校中已广泛开展，每年参加的人数也是逐渐增加，因此，通过在学校举办相关校内数学竞赛，取得前十名的可申请免考。这样既增加了学生学习的积极性，也为每年的数学建模竞赛培养了一批优秀人才。

再比如，以技能证代考。职业院校主要是培养学生的技能，有些院校已开设"数学应用能力"这门课程选修课，并且劳动和社会保障部也将数字应用能力归为职业学生要掌握的八种技能之一，因此，也可通过数字应用能力的考证来替代高等数学的考试，将职业资格考核与学生综合实践结合起来，这也更好地考核了学生对实际应用的能力，提高了就业的竞争力。

五、教学方法和教学手段的改革

在高校数学的教学改革中，除了改革教学内容考核方式的变革外，还有不少学校对教学方法和教学手段进行改革。比如可以采用多媒体教学，使得抽象的概念更加直观，这样会使教与学的活动变得更加丰富多彩，又可以寓知识学习、技能训练、智力开发于生动活泼的形象之中，增大了课堂容量，提高了学习的效率，能让与专业课结合的知识显得更为生动，从而激发学生的学习兴趣，变苦学为乐学，同时又促进他们的思维发展，丰富学生的想象力。

还可以将教学课件共享到校园网，学生可自由地从网上下载教学内容进行学习，使自学变得更加简捷方便。

第三节 APOS理论下高校数学中融入数学建模思想的案例

在"三位一体"的教学中，我们采用了APOS理论引入数学建模案例，本小节介绍具体的实施步骤。

一、基于APOS理论的高校数学教学

在传统的教学模式中，教师更重视学生计算以及推理能力的培养，但随着数学软件的开发及广泛利用，对概念的透彻理解成为学生进行数学建模解决实际问题的根本与关键，教师如何组织以及展开相关概念的介绍，需综合考虑学生的综合素质、知识结构以及能力水平等因素，以及学生数学教育的培养目标，恰当地选择相应教学方法以及教学过程，尽量减少学生对复杂计算的训练，强化对数学基本概念的掌握、理解以及应用。

以下以"定积分的概念与性质"一节为例，介绍"基于APOS理论的概念教学"新模式。

（1）Action——操作或活动阶段

教师可以设置两个情境。第一个是地球绕太阳公转（如下图），在时间段内，矢径所扫过的面积如何计算？第二个是轮船在海上沿直线行驶，速度是 $v(t)$，则它在 $[a, b]$ 时间段内行驶的路程是多少？这一阶段的主要任务是创设情境，提出问题，锻炼学生将实际问题转化成数学模型求解的能力，同时引出所讨论的问题。

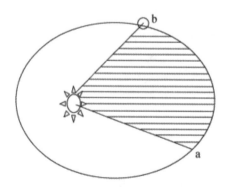

图6-3 地球绕太阳公转图

（2）Process——过程阶段

由以上两个情境可知，将其抽象为数学知识，第一个情境本质是求曲边梯形的面积，第二个情境的本质是求变速直线运动的路程。教师通过对具体实例的分析比较，抽象概括出"定积分"的概念，并对其规律进行总结概括。

（3）Object——对象阶段

在这一阶段中，教师可对于学生进行一定的引导，展开对概念的外延，其中包括，定积分的物理意义、几何意义、性质以及与不定积分的区别和联系等，通过对相关外延概念的延伸与发展，逐步加深对概念的理解。

（4）Scheme——模型阶段

由于通过之前的教学过程，学生在知识架构中已经建立起含有具体实例、抽象过程、完整定义以及与其他概念间的区别和联系的综合心理图示，学生已经对相关概念有理论性的认识，教学中要在概念的应用过程中逐步加深对所学概念的理解和把握，从而使学生形成分析解决问题的能力，实现数学教学的根本目的。在此阶段，教师在教学方法的选择上不仅局限在课堂上进行传统的教学，可以采取任务驱动的教学方法，引导学生进行对所学概念的学习与掌握，通过学生自身主动地尽力数学概念心理图示，完善对相关数学概念的理解。数学建模过程是学生把握数学概念与理解、应用数学知识的过程，教师应广泛应用现代信息技术，在教学手段上尽可能地多样化选择，可结合多媒体、试验机房进行数学实验与数学操作应用，利用实际例子，让学生了解并掌握数学的解决问题的过程，逐步培养学生数学地认识问题并解决问题的能力。

基于 APOS 理论的概念教学在实际教学中取得了较好的效果，首先，这种教学方式极大地调动了学生的积极性与参与感，提高学生的学习兴趣与探索精神，由于在教学过程中辅以情景设置、任务驱动以及学生讨论等各种教学方法与教学手段，强化了学生的自主学习能力，使学生充分展示自己建构数学知识结构的思维过程，增强数学应用与数学操作，积极培养学生的动手能力与创新能力。其次，提高学生运用数学知识认识并逐步解决实际问题的能力，注重数学应用的理念，提供给学生充分的展示空间与学习平台，引导学生自己动手建立数学模型，充分感受数学来源于生活又应用于生活的数学理念。最后，通过这样的数学教学模式，明显对于提高学生数学能力有很大的帮助，学生数学成绩有明显的提高，重塑学生学习数学的信心。

二、数学建模思想在概念、定义教学中的融入

在高等数学角教学中，需要学生对几个重要概念进行掌握，如极限、函数、导数、微分、积分贯穿始终，以下主要是对导数、定积分教学过程中融入建模思想进行研究。

案例一：导数的概念

由于导数概念学生在中学数学中有一定的了解，但是学生对导数概念的理解只停留在"变化率""斜率有关"等模糊的认知中，并未对导数概念的本质进行深入学习，因此，首先，应让学生在生活中寻找一些有关变化率的日常实例。

教学目标：使学生掌握导数的概念。明确其物理以及几何意义，在此基础上，可以完成简单函数的导数与微分计算，并能用导数的意义解决某些实际应用中的计算问题。

教学要求：理解导数的概念并能用数学语言进行表达；明确导数的物理以及几何意义；能够求解某些函数的导数；理解导函数的概念；注意区分导数与单侧导数、函数可导与函

数连续的关系；会求曲线一点处的切线方程；能够利用导数概念解决一些实际应用问题。

教学方法："系统讲授"结合"建模思想"。

教学过程：

（1）问题引入

根据学生课前准备，讨论生活中有关变化率的实例。

设计意图：通过熟悉的生活体验，使学生在实际应用中提炼数学模型，为导数概念的引入提供具体背景。

教师通过学生所举实例进行总结，分析学生感知客观世界中存在着变化快慢不同的生活现象，根据学生已有的生活经验进行新知识的建构，在此基础上引入概念，让学生感受到数学知识来源于生活的本质，探究得到用平均变化率来刻画快慢程度。

（2）引例

模型：自由落体变速直线运动的瞬时速度。

提出问题：设有一物体做变速运动，如何求它在任一时刻的瞬时速度？

建立模型：

分析：学生已经掌握匀速运动某一时刻的速度公式 $s=vt$，那变速运动呢？师生进行讨论，由于变速运动的速度是连续变化的，所以当时间间隔非常短时，可以近似为匀速运动。假设一物体作变速运动，则在物体的运动过程中，对于每一时刻 t，物体的相应位置可以用数轴上的一个坐标 s 表示，则存在函数关系：$s=s(t)$。

设物体在时刻的位置为 $s=s(t_0)$。当在 t_0 时刻时，增加了 Δt，物体的位置变为 $s=s(t_0+\Delta t)$。此时，位移发生改变量 $\Delta s=s(t_0+\Delta t)-s(t_0)$。所以，物体在 t_0 到 $t_0+\Delta t$ 时间段内的平均速度为，其中，当 Δt 很小时，v 可作为物体在 t_0 时刻瞬时速度的近似值。且当 Δt 越小，v 就越接近物体在 t_0 时刻的瞬时速度 vt_0，即

$$v_{t_0} = \lim_{\Delta t \to 0} \frac{\Delta s}{\Delta t}$$

求物体运动到任意时刻时的瞬时速度的数学模型。

要求解这个模型，对于简单的函数还可以计算，但对于复杂函数的极限则不容易求出，可引入函数改变量与自变量改变量的比值，当自变量改变量趋于零时的极限值。

（3）导数的概念

定义：设函数 $y=f(x)$ 在点 x_0 的某一领域内有定义，当自变量 x 在 x_0 处有增量 Δx 时，函数有相应的增量 $\Delta y=f(x_0+\Delta x)-f(x_0)$。如果当 $\Delta x \to 0$ 时的极限存在，这个极限值为函数 $y=f(x)$ 在点 x_0 的导数。

模型求解：

以自由落体为例求解：

设位移函数为 $s=1/2gt^2$，求它在 2 秒末的瞬时速度？由导数定义可知：

$$v(2) = s'(2) = \frac{1}{2} \times 2 \times g \times t |_{t=2} = 2g$$

模型检验：上面所求结果与高中内容基本一致，进而也验证了模型的正确性。

模型推广：模型的实质是函数在某点的瞬时变化率，表示局部或微小变化，可进行推广：求函数的某一点的变化率问题。例如切线的斜率、边际成本、化学反应速度等，都可

直接用导数求解。

案例二：定积分定义

教学目标：理解定积分的思想；掌握定积分的概念，会用定义计算、证明某些定积分；加深对数学的抽象性特点的认识；体会数学概念形成的抽象化思维方法；体验数学符号化的意义及属性结合方法；了解近代积分学的发展。

教学内容：问题的提出；定积分的定义；定积分的定义的直接应用。

教学过程：

对实际生活中的土地划分问题，在实际划分中，对不规则的土地先将土地划分为规则区域进行面积计算，然后再估计不规则区域面积，最后累加算出总面积。在此基础上，引出对曲边梯形的面积问题。

实例 1：求曲边梯形的面积。

设 $f \in C[a, b]$，且 $y=f(x) \geq 0$。由曲线 $y=f(x)$，直线 $x=a$，$x=b$ 以及 x 轴所围成的平面图形，称为曲边梯形。如下图：

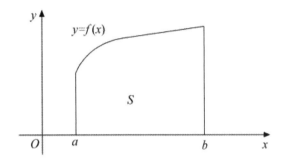

图6-4　曲边梯形

分析：在初等几何中，学生只掌握由直线段和圆弧所围成的平面图形的面积，为了计算曲边梯形的面积，因此需引入极限的方法进行解决，其实，在初等数学中学生已接触过极限的思想，例如在求解圆面积时借助于一系列变数无限增加的内接或外切正多边形面积的极限。

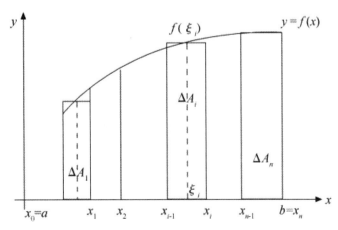

图6-5　曲边梯形的分割

实例 2：变力所做的功。

设质点受力 F 的作用沿 x 轴由点 a 移动到 b，并设 F 处处平行 x 轴。

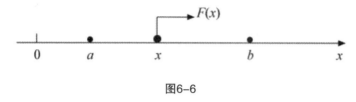

图6-6

由上面两个例子可计算曲边梯形面积的几何问题，另一个是求变力做功的理学问题，概括总结：不同的问题，但使用的思想方法是完全一致的，都可看作先分割，再取近似、求和，再取极限，在科学技术中还有很多问题都可以总结为这种特殊形式的极限，因此引入定积分概念的背景，并将其一般化，进行一般化的定义。

借助于数学知识与实际问题相结合引入数学概念，对学生加强数学来源于现实的思想转变，使学生初步了解知识的产生与发展过程，也不仅仅只是公式的堆积，教学中充分利用学生的生活经验，通过一定数学活动的展开，引导和启发学生对概念的理解与发现过程，从而向学生展示数学概念形成的来龙去脉，体验数学概念的形成过程，培育学生抽象概括能力与应用意识。

三、运用建模思想分析解决实际应用问题

在教学中，尽可能地选用一些与社会实际生活相贴近的数学建模案例，用建模的思想解决实际问题的途径，一般来说这一过程可分为表述、求解、解释、验证这几个阶段。在课堂教学中，通过对应用题的分析及对教材上已有模型的求解，介绍数学建模的思想方法，学会从实际问题中筛选有用的信息和数据，建立数学模型，进而提高学生的理解能力、计算能力以及学生养成科学探索的精神，让学生切实感受到数学知识在实际中的应用，更重要的是学生利用数学知识或建模思想去解决生活实际问题的意识。

第七章　数学建模对于高校学生能力培养的实践与探索

第一节　创新能力概述

所谓创新能力是为了达到某一目标，综合运用所掌握的知识，通过分析解决问题，获得新颖、独创的，具有社会价值的精神和物质财富的能力。创新能力是创新人才的必备基础，是新常态下对创新人才的基本要求，也是经济发展和社会进步的必然要求，创新能力与人的素质高低密不可分，它强调的是个体的一种创造力，从来就不是孤立地存在于个体的心理活动中，而是与每个人都具有的人格特征紧密相关的。古今中外科学发展史的实践证明，优秀的人格特征是创造力充分发挥的必备心理品质。一般来说，对科技发展和人类进步有突出贡献的科学家都具有优秀的人格特征，其中坚定的事业心、强烈的责任感、勇于探索，敢于创新的精神尤为重要。

从古至今，每个社会都是通过创新，才使经济得到快速发展，社会得到很大进步的。例如，战国时期秦国的商鞅变法，通过废井田、重农桑、奖军功、实行统一度量和建立县制等一整套变法求新的发展策略，使秦国的经济得到发展，军队战斗力不断加强，发展成为战国后期最富强的封建国家，为今后秦国的统一打下了基础。孔子提出要"因材施教"以及"不怒不咎，不悱不发。举一隅不以三隅反，则不复也"的思想，从而使儒家思想成为中国传统的思想，一直传承至今。在教育发展史上，也闪烁着一些简单而朴素的创新能力培养的思想和方法。老子在《道德经》中提出"天下万物生于有，有生于无"的创造思想；诸子百家中的兵家（孙子与孙膑）与纵横家（鬼谷子）很重视的谋略思想；我国著名教育家陶行知先生在《第一流教育家》一文中提出要培养具有"创造精神"和"开辟精神"的人才，第一次把"创造"引入教育领域。由此可见培养学生的创新能力对国家富强和民族兴亡有重要意义。

创新的实质是通过科学研究、生产活动和管理实践，创造新的思想成果并转化为生产力，以促进国民经济的发展和社会的进步。创新的主体在于人，因此创新能力离不开创新人格和创新动机。创新人格是指个体在创新活动中表现出来的具有综合性和持久性的创新行为。一个具有创新人格的人需有创新激情、求知兴趣、坚定的信念、冒险精神、顽强意志力、独立的思维和行动以及做事一丝不苟的特征。创新动机是具有跨情境的稳定性的特质，反映了个体对动机激发因素的偏好或倾向。表现为强烈的好奇心、稳定的创新兴趣、较高的成就动机和喜欢挑战。创新动机能激发个体的创新意识，从而培养创新能力，取得的创新成果又促进了创新动机，形成良性循环。在创新人格和创新动机促进创新能力的过程中，学科竞赛为这一过程的良好实现提供了平台。

第二节　数学建模对学生创新能力的培养

全国大学生数学建模竞赛于 1992 年成立，目前已经成为全国最大的基础学科竞赛，也是世界上最大的数学建模竞赛。它的目的是激发学生的学习热情，学习数学，提高自己的综合能力，建立数学模型和运用数据处理技术解决实际问题的能力，鼓励学生参与课外科技活动并且涉猎其他专业知识，培养创新精神和合作意识，与此同时，也能促进改革大学数学的课程设置、教学内容和教学方法，这将有效地推动数学专业学生就业竞争力的提升。

一、数学建模对学生创新能力的培养

在进行数学建模时通过计算得到的结果来解释实际问题，并接受实际的检验，来建立数学模型的全过程。当需要从定量的角度分析和研究一个实际问题时，人们就要在深入调查研究、了解对象信息、作出简化假设、分析内在规律等工作的基础上，用数学的符号和语言作表述来建立数学模型。在高校学生数学建模能力培养中，需要经过动员宣传，协会纳新，开放培养，集中培训，校内竞赛，暑期培训，全国大赛，国际大赛等多个环节，在整个培养环节中，都体现出对学生创新能力的培养。因此，数学建模教学是学生用数学知识解决实际问题的桥梁，是使学生数学知识和应用能力提高的最佳组合方式。对于学生的创新能力培养体现在以下几点：

（1）动员宣传，协会纳新，激发学生学习数学的兴趣

许多新生，尤其是高校学生，对理工类的课程掌握不好，尤其是数学，因此对数学建模有畏难情绪，经过动员讲解，让学生了解数学建模不再是简单的计算和记忆，而是"问题解决"的过程，学生通过主动构建、创设问题情境、积极参与建模过程，可以了解数学之美，更能通过解决实际问题而激发学生兴趣，促进学生养成主动学习的习惯，克服思想障碍，让学生更具有激励性和自主性，尤其是高校的学生，学习的主动性和激励性转变非常明显，学生通过数学建模的锻炼，不仅学会了数学建模的思维方法，改变了传统的畏难情绪，而且磨炼了他们不怕困难、坚忍不拔的意志品质。经过数学建模培养的学生，不仅在建模方面取得了很多成绩，在学业和其他技术技能培养中，也能表现出坚忍的品质，获得好的成绩。

（2）各种培训，培养了学生多方面的能力

开放培训，暑期培训，集中培训，通过高年级学生教低年级学生，数学建模创新社团相互学习，数学建模培训老师集中培训等不同的方式，培养学生多方面的发展。

①数学运用的能力

参加数学建模竞赛的学生在数学运用能力方面表现非常出色，不仅在大学中非常难学的高数课程中取得优异的成绩，而且还能运用数学工具来对实际生活中的问题进行建模处理，数学思维逐渐形成。

②沟通交流的能力

数学建模是一个团队合作的竞赛，在竞赛过程中不会表达交流，不善于沟通，无疑会影响整个团队。通过数学建模创新社团开展的互帮互学活动，开放培训环节，让数学建模的学生，尤其是高年级的学生有一个表达的平台，通过对新会员的培训，锻炼了口才和思维能力，更学会了交流沟通，这对学生综合素质的提升，无疑起着潜移默化的作用。

③细心全面的能力

数学建模的过程是把实际问题转化成数学模型，在建模的过程中，要对所涉及的问题背景全面了解，细心排查影响建模的因素，全面考虑影响建模的关键，这就要我们的学生在生活中要多观察，要多一些细心和观察力，找到问题的关键所在，还要学生能将实际问题用数学语言表达出来，建立数学模型，并能把数学问题的解用一般人所能理解的非数学语言表达出来。

④资料收集的能力

数学建模的过程中，需要运用信息化技术，搜集和处理大量的材料，这些材料的多数来自于网络，如何从网络中搜索到自己想要的信息，并从海量信息中挑选出对自己有帮助的内容，这就要我们的学生熟悉信息化网络化的操作，并能将这种技术用于解决数学问题，因此，运用信息技术解决数学问题的能力得到培育，搜集和处理信息材料的能力、综合与分析处理问题的能力得到提高。

⑤创造创新的能力

数学建模无疑是一个创造的过程，数学建模给学生提供了一个自我学习、认真探索、独立思考的实践过程，体验到了亲身"做数学"的乐趣，提高了实践的能力，同时提供了一个发挥创造才能的条件和氛围。以数学建模为核心，培养了学生的动手能力和创新精神，通过数学建模过程中的思维方向的多向性以及一题多模的探讨，丰富了学生的思维，激发了学生的创新思维，从而为学生将来成为具有创造性思维的人才奠定了基础。

第一，创造创新的能力要有创新精神。

具有创新精神是培养创新能力的前提，创新精神是一种抛弃旧思想旧事物，接受新思想新事物，摒弃旧的创造新的精神。建构知识的能力强调个体主动地学习，学生在主动学习的过程中，需要依靠创新精神做前提，根据自己的认识对客体知识建构自己的图式，发现新的解释，将已有的知识融入自己新的加工和创造。

第二，创造创新的能力要有创新意识。

培养创新意识是培养创新能力的基础，创新意识是一种个体积极发现问题，主动探索问题，具有批判精神的心理取向。学生在生活和学习中，需有创新意识的指导，学习并不是一味地接受，尽信书则不如无书，时刻具备批判思想，学会尝试。创新并不是一种可望而不可即的素质，创新能力也不是只有天才才具有的能力，也许新的组合不同的搭配就是一种新的"生产函数"。

第三，创造创新的能力重在培养创新人才。

创新能力的主体是人，培养创新能力归根结底是培养创新型人才。而人的学习和增加知识的目的还是让生活更好，活动更方便，让人类及社会更好地得到发展，所以，培养具有创新能力的创新人才也是为了最优化地解决问题。

（3）各级竞赛，培养学生良好的科学态度、个性品质和合作精神

数学建模的要求非常严格，要求模型合情合理，而且在完成建模的过程中，是团队来完成整个建模的过程，因此，数学建模可以培养学生良好的科学态度、个性品质和合作精神。在数学建模的各个环节，力求将严谨的科学态度，个性化的品质和团队合作精神贯穿其中，教学上采用小组学习、集体讨论，"传帮带"等以学生自主实践活动为主体的教学模式；学习中鼓励学生使用计算机工具、讲求效率、实事求是、追求完美、团结协作、优势互补，这些都是现代科学研究必须具备的科学态度和团队精神。此外，教师通过不断的

培训学习，更新教师的教学观念，提高了数学建模教学水平，促进了教师的专业化发展。

二、数学建模对学生其他能力培养

（一）学习的自我意识和自我监控能力

促进学生研究性学习的重要因素就是通过数学建模来培养学生对学习的自我监控能力和自我意识并使之成为习惯。数学建模的过程是学生根据自己的学习任务的要求、学习能力，积极主动地调整自己的学习策略的过程。要求个体对为什么学习、能否学习、学习什么、如何学习等问题有自觉的意识和反应，突出表现在：在学习活动之前，学生自己能够确定学习目标、制定学习计划、做好学习准备。在学习活动之中，学生能够自己选择学习方法，并对学习过程、学习行为进行自我审视、自我调节。在学习活动之后，学生能够对学习结果进行自我总结、自我评价。通过数学建模的研究性学习，既提高中职学生对学习的直接兴趣；引导他们在分析、比较和判断的过程中学习和掌握正确的价值规范，建构自身内在的价值标准；指导他们初步形成自主性的学习能力、社会交往能力，为发展创新、创业的能力打下良好的基础。

（二）对课堂的掌握能力

在数学建模的实践过程中，教师要为学生提供一个学数学、做数学、用数学的良好环境和动手、动脑并充分表达自己的想法的机会，教学中注意对原始问题分析、假设、抽象的数学加工过程；数学工具、方法、模型的选择和分析过程；模型的求解、验证、再分析、修改假设、再求解的循环过程。教师要为学生提供充足的自学实践时间，使学生在亲历这些过程中展开思维，收集、处理各种信息，不断追求新知，发现、提出、分析并创造性地解决问题，数学建模学习应该成为再发现、再创造的过程，教学过程必须由以教为主转变为以学为主，要支持学生大胆提出各种突破常规，超越习惯的想法，要充分肯定学生正确的、独特的见解，珍惜学生的创新成果和失败价值，使他们保持敢于作出各种新颖、大胆的尝试的热情。通过数学建模方式，培养学生的自我评价能力。许多数学模型的建立往往只有较好，没有最好，甚至同一个问题可能有多个相互独立的数学模型，这就给评价带来了很大的困难，但同时也是挑战。在这样一种条件下可以更好地培养学生的自我评价能力。学生正是在这种不断修改不断完善的过程中，来反省自己，充实自己，从而形成独立思考的习惯和良好的自我评价能力。

（三）有利于培养学生获取文献资料信息的能力和自主学习的能力

数学建模竞赛的赛题源于生产和生活中的实际中，它的涉猎范围很广，要解决这个问题，需要各方面的知识及技能。对大部分学生而言，所用的知识、方法、远远超出了他们的专业、技能和能力，相关的理论知识和技能比赛前不可能通过课堂学习，学生只能拿到题目之后，需要哪里补哪里，一方面利用课堂内外的学习和讨论，进一步理解，另一方面，侧重于实际需要解决的问题，从网络收集和查阅相关资料，如中国知网、万方数据库、相关教材等。通过这一过程，大大提高了大学生学习、收集、获取信息的能力，在未来，他们可以依靠这两个能力不断提升自己。

（四）有利于培养大学生的合作意识和协调能力

数学建模过程大体分为以下几个部分：模型假设、模型建立、模型求解、模型分析和检验以及模型应用等。这些步骤通常需要三个人通力协作，一个人主要建模，一个人主要处理数据，一个人主要撰写论文，并且他们需要在三天时间完成论文的撰写，时间非常紧迫。在如此短的时间内完成任务，只有充分发挥每个学生的潜能，合理地分工与合作，才能获取最大的收益。通过数学建模竞赛，培养学生的团队合作精神和合作意识，为他们今后的工作打下良好的基础。

（五）数学建模有利于培养撰写科技论文的文字表达能力

数学建模的结果需要以论文的形式写出来，学生通过参加数学建模竞赛活动，可以了解科技论文的撰写程序和应准备的资料、撰写格式要求等，提高数学，尤其是文字语言的表达能力。培养科技论文的撰写能力，为今后学生的就业打下坚实的基础。

第三节　把数学建模意识与培养学生创新思维相统一

在诸多的思维活动中，创新思维是最高层次的思维活动，是开拓性、创造性人才所必须具备的能力。麻省理工大学创新中心提出的培养创造性思维能力，主要应培养学生灵活运用基本理论解决实际问题的能力。由此，我认为培育学生创造性思维的过程有三点基本要求。第一，对周围的事物要有积极的态度；第二，要敢于提出问题；第三，善于联想，善于理论联系实际。因此在数学教学中构建学生的建模意识实质上是培养学生的创造性思维能力，因为建模活动本身就是一项创造性的思维活动。它既具有一定的理论性又具有较大的实践性；既要求思维的数量，还要求思维的深刻性和灵活性，而且在建模活动过程中，能培养学生独立，自觉地运用所给问题的条件，寻求解决问题的最佳方法和途径，可以培养学生的想象能力，直觉思维、猜测、转换、构造等能力。而这些数学能力正是创造性思维所具有的最基本的特征。

综上所述，在数学教学中构建学生的数学建模意识与素质教学所要求的培养学生的创造性思维能力是相辅相成，密不可分的。要真正培养学生的创新能力，光凭传授知识是远远不够的，重要的是在教学中必须坚持以学生为主体，不能脱离学生搞一些不切实际的建模教学，我们的一切教学活动必须以激发学生的主观能动性，培养学生的创新思维为出发点，引导学生自主活动，自觉地在学习过程中构建数学建模意识，只有这样才能使学生分析和解决问题的能力得到长足的进步，也只有这样才能真正提高学生的创新能力，使学生学到有用的数学。我们相信，在开展"目标教学"的同时，大力渗透"建模教学"必将为高校数学课堂教学改革提供一条新路，也必将为培养更多更好的"创造型"人才提供一个全新的舞台。

全国大学生数学建模竞赛已经开展了 25 年，从 1992 年开始到 2016 年，数学建模的参赛队伍由刚开始的 10 个省的近 70 所学校的共 900 多个小组的近 300 名学生参加，到 2016 年有 33 个省、自治区、直辖市的 1251 个学校的 25347 个团队的近 80000 名学生。在 25 年中有数以万计的学生都参加了全国大学生数学建模大赛，培养了一大批的具有创新意识，自主学习能力和团结合作的精神的优秀人才。数学建模活动的开展促进了高校创新人才的培养，促进了教师科研能力的提升，同时也加快了数学课程的改革。

目前，各个高校的数学建模重视程度和开展情况差异比较大，尤其在高校高专院校，由于数学建模竞赛起步晚，学生生源基础较差，学校重视程度较低，导致数学建模竞赛和数学建模活动在高校高专院校的开展相对本科院校较差，因此，为了更好地发挥数学建模竞赛的效果，培养创新型的技能人才，对于高校高专院校要建立合理的培训制度和方案，以保障数学建模竞赛的顺利开展。而目前还没有很适合高校学生数学建模培训方面的模式，高校开展数学建模竞赛和活动需要进行整体设计，包括培训的开展模式，培训的组织形式和培训的课程体系设计，培训的经费制度和后勤保障，等等。

第四节　高校开展数学建模竞赛活动的整体设计

全国大学生数学建模竞赛从 1992 年举办以来，在全国迅速发展起来，但从历年参赛的情况来看，数学建模活动的发展还很不平衡。在综合性大学和理工院校中，开展得较为普遍，大部分的院校都开设了《数学建模》课程，竞赛的培训方式也较为成熟，而且学校的重视程度较高，甚至不少院校将数学建模国家一等奖作为保研的辅助条件。而在高校高专院校中由于生源基础和培养模式的原因，基本上也没有数学专业的学生，都是其他非数学专业的学生，相对数学基础会薄弱一些，学生没有信心，甚至有的同学会问老师"我不是数学专业的，能不能参加数学建模大赛？""老师，我没有开设高等数学这门课，数学建模对我来说太难了吧？"。另外在高校高专院校中"线性代数""数学建模"等相关课程也开设得寥寥无几，学校的重视程度也不高，甚至很多院校的培训方式依旧是探索的初期阶段，这显然很不利于数学建模竞赛在高校的进一步开展。

但是近几年，数学建模竞赛高校参与的也越来越多，对于大部分的高校高专院校的学生而言，参加竞赛的大部分都是大一升大二工科或理科的学生，因此，如何做好赛前培训，如何选拔优秀的学生对于高校的指导教师而言非常重要。对于大部分院校，数学建模活动的开展主要是从宣传、选拔，培训和竞赛四个方面进行的。四个方面逐层递进，贯穿了整个数学建模活动。

一、数学建模竞赛的宣传方式

要想使数学建模活动在学校开展起来，使数学建模竞赛能够选拔到优秀的队员，做好数学建模宣传工作是首要任务。特别是对于高校高专院校的学生，基本上是没有数学专业的，所以对他们而言宣传尤其重要，只有宣传到位，会使学生了解数学建模，喜欢数学建模，才能愿意参与数学建模活动。笔者所在学校数学建模的宣传主要按照以下几个方面开展：

首先，最理想的方式是在新生开学典礼的时候，介绍一下大学生数学建模大赛，因为这个时候新生最集中，也是新生对各种活动充满未知与好奇的时候。那么，怎样在开学典礼的时候向大家介绍数学建模大赛呢，方法之一，就是推荐参与过数学建模大赛的优秀的代表发言或者优秀教师发言。

其次，可以通过建立 QQ 群，微信公众号，微信群等方式吸纳一批对数学感兴趣的新生，通过推送数学建模相关信息和知识，QQ 群和微信群的交流，让学生更深入地了解数学建模以及数学建模竞赛。

最后，全国大学生数学建模竞赛一般在每年的 9 月中旬举行，这个时间正好是高校的新生军训时间，学院的竞赛组织者就要利用好这个机会，做好宣传工作。其中，可以通过悬挂横幅、做板报等多种形式在教学楼、宿舍楼等进行多层次、多角度宣传，宣传的内容可以是数学建模和数学建模竞赛的初步知识，也可以说学院以前数学建模竞赛取得的成绩。构建一个良好的竞赛氛围，既让参赛的学生有一种庄严自豪感，也可以引发新生的好奇与神秘，使他们初步认识数学建模和数学建模竞赛。

二、数学建模竞赛的队员选拔方式

数学建模竞赛是三个人一组的团体赛，三个人要具备掌握计算机编程的能力，分析问题建模的能力，写作的能力以及团结合作的精神。想要在竞赛中取得好的成绩还需要选拔出优秀的队员，而高校中参加数学建模竞赛的基本上都是来自不同专业和院系的学生，

因此，队员的选拔也就显得至关重要。

笔者所在学校在进行队员选拔时主要通过数学建模校内赛进行选拔和教师推荐两种形式相结合的方式。数学建模校内赛的举办可以筛选出一批优秀的团队进行暑期培训，然而由于数学建模校内赛的举办是在学生没有进行数学建模集训的前提下进行的，有一些队伍的学生在组队的时候只适合自己班的同学组队，队员之间的差异有时候会比较大，这样会导致一些优秀的队员不能很好地被发现，因此，还需要代课老师推荐一些优秀的学生，两种方式同时选拔有利于对选拔出一批优秀的学生进行暑期集训。

三、数学建模竞赛的培训方式

数学建模竞赛由于涉及的知识面较宽，要求具有一定的数学功底，而大部分院校的数学建模课程都是选修，甚至在高校高专院校都没有数学建模选修课，学生掌握数学建模知识的渠道就相对较窄，因此，必须要进行扎实的培训。除了前期数学建模宣传时了解到简单的知识，还需要教师对学生进行系统地培训数学建模的知识，以及相应的软件。特别是近几年数学建模竞赛的题目越来越难，如果没有系统的培训，基本上很难在竞赛中获奖。

大部分的院校都是在暑期进行集中培训，培训的内容具体为：

①数学软件的使用（如 MATLAB、SPSS、LINGO）；

②常用数学建模方法的学习（如线性规划、非线性规划、回归、微分方程、层次分析法）；

③数学建模模拟竞赛；

④竞赛论文的撰写等。

四、数学建模竞赛的参与形式

数学建模竞赛已经举办了 25 年了，基本上本科院校都有自己的数学建模校内赛，通过参加校内数学建模竞赛，选拔出一批具有较好数学基础，又有钻研精神，并具备一定思维能力的同学来参加院内的数学建模暑期培训。最后选拔出的队员可以参加全国大学生数学建模竞赛以及美国数学建模竞赛，这些比赛，通常赛事时间都是进行三天三夜或者四天四夜，因此参加数学建模竞赛不仅仅是对学生知识水平掌握的考验，也是对学生毅力的考验。

第五节 "三群体"的组织形式

自 2002 年开始笔者所在学校首次参加全国大学生数学建模赛，学院就积极响应，辅导工作由基础课部承担，当时对数学建模一无所知，没有教材、资料，没有软件，这是一项充满了艰难和困苦的任务，具有挑战性与竞争性，对于辅导教师不但要求数学基础好、全面、并有一定的数学应用能力，特别还要熟练操作计算机，应用计算机数学软件，近些年，笔者一直负责学院的数学建模竞赛，并在培训和活动中不断的探索适合高校学生的数学建模竞赛的培训方式和活动开展，重点研究了大学生数学建模竞赛的组织、教学、竞赛等方面的问题，制定了切实可行的适合高校的数学建模教学、培训计划和完善的竞赛激励制度。

目前也形成了"三段递进"的发展模式，"三台联动"的互动平台以及"三大群体"的组织形式。另外，在培训内容和模式上也结合 APOS 理论和 PBCS 模式进行了创新和改进，这一部分在第三章和第四章也已阐述过。本章就以笔者所在学校为例，阐述了高校数学建模竞赛的具体开展方案，同时对于高校高专院校的数学建模竞赛活动提出更好的建议。

数学建模竞赛的宣传与组织，很大程度上要依靠各年级学生的"传、帮、带"，那么依据此，在组织形式上我们采用"三群体"的组织形式，这里的"三群体"主要指：新生群体、老生群体、毕业生群体。通过组建"数学建模创新协会"这一学生社团组织，形成三群体交集的组织形式，采用老队员带新队员的方式，进行学校数学建模活动的普及性工作。通过数学建模协会进行选拔参赛队员，逐次递进，确保数学建模活动有序开展进行数学建模活动的宣传和工作，

（1）新生群体。新生是全国大学生数学建模竞赛参赛的主力军与新鲜血液，那么如何从这群新鲜血液中找到能够参加数学建模大赛的好苗子就至关重要。那么，就需要开展一系列的宣传活动，把什么是数学建模，数学建模竞赛比什么，数学建模竞赛参赛在哪些个人能力上有所提升等都传达给学生，这样，才可以在最大的程度上激发学生的积极性。

（2）老生群体。指导学生参加全国大学生数学建模竞赛的老师毕竟只有两三个，除了课堂，他们的覆盖面还是比较窄的，那么就需要发动广大的学生群体，尤其是大二、大三参加过比赛的学生，让他们"由点及面"地进行宣传，其目的也是为了招募到更多更好的成员，抢占优质的生源。

（3）毕业生群体。参加数学建模大赛，直观上的奖励就是参赛获得的证书，但是，其实学生从全国大学生数学建模竞赛中的收获不仅仅如此，他对于个人毅力的培养，论文的撰写，活动的组织等等各个方面都是有提升的。据不完全统计，参加数学建模大赛获得较好名次的学生，在求职就业过程中都备受招聘单位的喜爱，那么可以请这些毕业生，每年不定期地回学校为在校的学弟学妹们做报告，分享他们的成长经历，这些同龄人的演说，在某种程度上会比老师更具说服力。

第六节 "三段递进"的培训模式

笔者所在学校近些年的数学建模的培训采用"三段递进"的开展模式，从头一年的"招新培训"到中期的"老带新培训"再到暑期 8 月的"暑期集训"，一共三个阶段，贯穿两

个学期。正是有了前两个阶段的基础，在第三个阶段集训的时候学生才能对数学建模的相关知识掌握得更扎实，三个阶段相辅相成，缺一不可。

（1）第一阶段：招新培训

每年的10月份以社团形式招收一批新成员，在招新的初期阶段，前期学生很多对数学建模都是茫然的，不知道数学建模是什么，也不知道需要学些什么，自己该怎么做，因此，在第一阶段就需要由老师进行数学建模的系列讲座，包括：建模专题系列讲座、经验交流等，主要是让新进的学生对数学建模有个初步的了解。这样可以对后续的两个阶段做个铺垫。

（2）第二阶段：老带新培训

由于高校高专院校开设数学建模课程的相对较少，如果将数学建模的培训全部放在暑期对学生而言掌握知识的能力有限。因此，在前期讲座的基础上，可以在老师讲课之前先对学生进行一些数学建模相关的模块培训。这里采取的具体措施是，老生带新生的培训方式，老生主要是参加过数学建模培训的学生，具体在选拔的时候通过社团来选拔一批功底深厚，竞赛获奖的学生来进行培训，把数学建模的相关知识按照教师的讲授模块分成若干个，每一个学生负责一块，利用晚自习的时间给新进社团的学生进行培训。这样的方式可以让学生先接触一部分数学建模的知识，不至于在暑期集训和教师讲授的时候听不懂。另外，对于老生而言也是一个很好的锻炼和能力的展示。这一阶段的培训主要是利用周末和晚上的时间展开。

（3）第三阶段：暑期集训

在前期两个阶段的前提下，大部分学生已经初步掌握一些数学建模相关知识，但是由于前两个阶段的学习不够集中系统化，应对数学建模竞赛还是有不足之处而每年的大学生数学建模竞赛的比赛时间是9月份第二个周末，因此，还需要在暑期进行一次集中培训，暑期集训主要是由指导教师负责和讲授相关数学建模课程，并进行实战演练。主要在前期两个阶段掌握的知识基础上是弥补一些具体的案例，同时还要教会他们如何进行科技论文的写作。笔者所在学校的做法是集中到8月份进行培训，这样培训完学生可以直接参加竞赛不至于生疏。具体是先进行数学建模知识模块的讲授，然后进行真题模拟训练。

第七节　"三台联动"的实践平台

为了更好了落实数学建模竞赛的成效，提高学生的综合素质，建立了"三台联动"的实践平台，即学习平台、竞赛平台和交流平台，从多方位、多角度着手加大数学建模活动的力度和影响力，以更好地促进高校数学建模活动的开展。

（1）学习平台。旨在以实践锻炼、重点帮带、持续"充电"为抓手，鼓励学生以学习增长知识、以知识增长能力、以能力提升竞争力。遵循"学生主动、组织牵线"的原则，为学生配备一名主要的高年级的学长，按照个人兴趣爱好及知识储备情况制订相应的学习计划。同时，定期开展以数学建模为主题的讲座，促进学生个人能力的发展。

（2）交流平台。重点以QQ群、微信公众号、趣味讲座、社团活动为主，促进社团内成员及数学建模的爱好者通过相互学习、取长补短、共同提高。这些平台的建立可以更方便学生关注数学建模相关信息，尤其是对大一新生可以更多地去了解数学建模，扩大数学建模的受益面和影响力。

（3）竞赛平台。旨在通过美国数学建模竞赛，全国大学生数学建模竞赛和数学建模校内赛为契机，"以赛促学"，鼓励学生将所学的专业知识、其他各个学科的知识、科技论文的写作结合起来，化课本上的理论知识为运用这些知识的实践能力。

以笔者所在学校为例，为营造良好的校园学术氛围，丰富同学们的课余生活，加深同学们对数学建模的认知，增强数学建模的学习兴趣和能力，提高同学们数学建模学习的积极性，我校在每年5月份举行全国大学生数学建模竞赛校内选拔赛。9月份在对前期选拔的队员组队参加每年的全国数学建模竞赛。2015年学院还首次组织了两支参赛队，参加了美国数学建模竞赛，这也是笔者所在学院首次参加国际性的竞赛，最终一支参赛队获得了成功参与奖。至此，将数学建模竞赛从每年的9月到来年的9月，进行了一系列的培训和比赛，从校内赛到国内赛，再到国际赛，已经将比赛的培训工作演变为常态化的工作。

第八节　数学建模教学实践的具体模式

数学建模活动是一种探究性的学习活动，因此，对于学习的主体学生而言要学会把握问题的核心，要能够自主地去探究问题，让数学建模活动变成一种科研活动，让学生在解决问题的同时，提升自身的研究和思考的能力。

数学建模的研究性学习是学生探究问题的过程，主要由学生自己完成，学生具有高度的主体性，注重学生在学习过程中体验，是一种建构活动，是一种形成活动，一种反思活动；研究性学习具有实践性，能使学生更好地理解数学在实际中的应用；研究性学习具有开放性。在具体教学实践中，我们采取如下具体模式。

一、研究报告模式

笔者所在学校在招新培训的阶段，通过数学建模系列讲座，会给学生布置一些简单的实际生活中的问题，并给出问题求解的简单思路，然后由学生自己组队，合作完成，一般的成果都是一篇小论文或者研究报告的形式展示。

在这个过程中，学生把学习知识、应用探索发现、使用计算机或其他测量工具等有机地结合起来。在他们自主地解决问题的过程，学数学、用数学，培养了协作精神和关注社会，关注生活的主人翁意识；培养了创新意识和实践能力。当进行成果交流的时候，教师会在其中选出较好的成果进行点评，同时教师和学生之间还可以相互进行沟通，学生的认知情绪和探求事物的心理得到满足。开放性的问题情景，更容易激发学生的创新思维和实践能力，同时还可以激发学生的学习兴趣和成就感。

二、优秀建模案例研读模式

此模式是一种课下阅读，课内交流。选定一篇大学生数学建模优秀论文，学生课下阅读。

首先，对学生提出如下要求：了解原作所提的问题背景；理解原作建模思想、方法、求解方式；了解原作的结论，如果你拥有原作者的实际问题，你将如何解决？

其次，指定两名同学作为主讲人，主持课上的学习与讨论。教师对主讲人的指导分两个方面：一是语言文字关，要提醒学生用准确、简练的文字表述以及适当的语速语调；二是论文整体结构的把握，各部分在全篇的地位作用是什么？要求主讲的学生对原作不仅下功夫去读，甚至去计算、重新组合；为了能正确回答同学们的问题，需查阅大量的相关书籍，应该说，主讲人最辛苦，收获也最大，因此是最好的数学学习。学习和研究别人的数学建模成果，虽然不同于自己做课题，但这对于培养学生自主学习的能力，以及从他人的思路和方法中学到如何做课题无疑具有积极的意义，这样做充分利用了学生优秀论文这一宝贵的教育资源。这种课堂上的老师，不再是编剧、导演、主演和正确的化身，而是动态地改变自己角色，成为学生学习的参与者、参谋和欣赏者。

三、真题模拟模式

在暑期集训的后期，我们都会进行真题模拟，首先是教师需要对历年的竞赛真题进行分析，选出适合学生进行模拟的题目，操作的时候可以采用 PBCS 模式进行教学。具体步骤如下：

（1）成立合作小组

笔者所在学校本年暑期集训的时候都会进行五次的真题模拟，每次模拟的时候，都由学生自主进行组队，教师在组队中不干涉，都是可以进行调节。

（2）通过探索讨论，提炼数学模型，形成猜想或分解成有目标的"小任务"

真题模拟的时候所给的时间不可能是三天三夜，因此，教师可以先对问题通过类比、实验、对比、观察、联想、归纳、化归，形成更数学化的问题。

（3）激励学生自主地尝试解决问题

引导学生用学过的知识自己解决问题，特别鼓励学生的独创性。遇"迷路"的学生，不要马上给方向，而是给"指南针"，让学生自己试着定向。对"走错"的学生，也不要马上否定，要尽可能多地肯定学生思维的合理成分。争取给更多学生参与的机会，使他们感受到成功的体验。

（4）引导评价，及时总结，巩固学习成果

引导学生对问题解决的过程与成果进行自我评价，自我总结。比如探索发现得是否充分？问题解决是否有效、彻底、简洁？得到的方法和结果有何意义，又有何应用价值？让学生说得更多些。对于学生的评价或小结，教师还可以让学生作"评价"的评价，也可以让学生构作一些练习来巩固学习成果。

（5）展示交流

当学生完成模拟题后，会进行论文的答辩，一般而言，答辩的时候都是对整个问题的求解思路和方法进行描述，如何教师针对里面出现的问题进行纠正和解答，这种方式可以及时更正学生在完成任务时出现的问题，同时也要给其他小组的同学起到示范引导作用。

第九节　数学建模培训的成效

一、数学建模创新活动带来的成效

（1）校企合作

学生在定岗实习后，回到校内学习，带着在企业遇到的问题，由教师与企业合作达成技术项目，由同学们成立创新兴趣小组，设计通过一系列的构思、规划与分析决策，产生一定的文字、数据、图形等信息，从而形成设计结果、通过制造则可将其物化为产品。我校建模协会的学生在去年也为西安某公司解决了 4D 电影的数据处理问题，既培养了学生应用创新能力，也体现了产学研结合的教学目标。

（2）数学建模拓展的创新项目

笔者所在学校拥有数学建模实验室两个，其中一个为数学建模创新创业实践基地，学生除了日常的培训外，还进行一些创新创业活动。

通过这些项目和活动的开展，更大程度上培养了学生们的创新思维和创业能力，培养了学生的团队意识和协调能力，培养了学生的自学和创新能力，也培养了学生语言表达能力和计算机运用能力，使他们具有更高的竞争力。

第八章 高校数学建模社团活动开展的实践与探索

第一节 数学建模社团概述

一、大学生社团概述

高校大学生社团是指学生为了共同的兴趣和目的，自发组织的具有一定规章制度的学生团体组织。学生社团不受年级，专业的限制，只要是志同道合的学生都可以加入和组成学生社团，来开展一些积极有意义的艺术类、娱乐性、学术性的活动。学生社团的出现为大学生在高校提供了更大的舞台空间和环境，让一些有特长的学生可以更好地发挥自己的才能，更好地树立自己的人生观和价值观，进而促进他们更好地成才。大学生社团是高校第二课堂的引领者，同时也是高校文化建设和人才建设的必不可少的部分。每年高校中各种社团以其特有的不同于课堂的趣味性，艺术性，多样性等特点吸引了一大批大学生积极参与其中。如今，学生社团在高校中的影响越来越大，据不完全统计，在高校中有85%的大学生都参加过各种社团活动。高校学生社团作为联系学校和学生的桥梁和纽带，以其鲜明的开放性、自主性以及多样性等特点，成为大学校园里一道靓丽的风景线。

大学生的学生社团的形式多样，总的来说分为娱乐性社团和学术性社团，其中娱乐性社团主要有舞蹈，体育，棋类，话剧，动漫，武术等，比如笔者所在的学校有龙魂武术社，新媒体工作社，大学生艺术团，千姿东方舞社，轮滑社，幽玄棋社，相声社，汽车爱好者协会，酷跑协会，青年志愿者协会等等，这些娱乐性社团在大学生社团中占比较大，一般在70%～80%左右。而学术性社团主要是针对一些专业的知识和领域方面的学生组织，在高校创新人才培养方面，甚至是高校学科和技能竞赛方面学术性社团却成为不可缺少的一部分，比如，笔者所在学校有数学建模创新协会、电子俱乐部、机器人梦工厂、航模社等，都是笔者所在学校参加各种大赛的学生载体，但是这些社团占比却相对较少。这是由于学术性社团相比于其他的娱乐性社团而言更枯燥，专业性更强；其次，学术性社团由于其特有的学术性而需要指导教师参与其中，而很多高校的教师由于科研职称等压力没有更多的精力和时间投身于学生社团活动，因此，学术性社团的师资就相对匮乏；最后，学校对于一些专业性强的社团的硬件支持不够，使得有些学术性社团徒有虚名，不能很好地为这些有共同兴趣和爱好的学生提供好的舞台。因此，在高校中要努力扩大学术性社团在高校文化建设和人才培养方面的作用，扩大学术性社团的受益面，让更多的学生参与其中。

二、数学建模社团

全国大学生数学建模竞赛是最早由教育部工业与数学应用学会共同承办的一个科技性的赛事，该比赛要通过数学和计算机的知识来解决实际生活中的问题，由于其特有的比赛形式，使得教师在全校范围内直接选拔参赛队员是件费神的事情，因此，为了更好地配合数学建模竞赛，在高校中学术性的社团"数学建模社团"也就应运而生。

对于理工科院校，对于数学感兴趣的学生还是很多的，尤其像笔者这样 90% 为理工科专业的高校，有相当一批数学爱好者，而高校本身对于高等数学课程的要求较低，这也就导致对数学感兴趣的学生不能很好地发挥自己的潜能，激发不了他们对数学的热情，因此，通过成立数学建模创新协会，可以更好地为这些学生提供一个展示自己的机会，同时还可以为每年的全国大学生数学建模竞赛选拔队员。在社团吸纳新生的时候要进行大力宣传，让那些数学爱好者加入数学建模协会，以更好地激励他们对数学建模的兴趣。因此随着近几年的大力宣传和数学建模竞赛的影响力，参加数学建模协会的学生越来越多，数学建模带来的受益面也越来越大。笔者所在学校在每年 10 月都会进行社团纳新，每年新生开学的时候是各种社团纳新的时机，数学建模社团可以吸收一批数学爱好者，以及渴望参加全国大学生数学建模竞赛的学生。

笔者所在学校于 2006 年成立了数学建模俱乐部，其宗旨是以普及数学建模知识为己任，培养学员的数学建模知识，使学员们真正地学习到知识，提高能力，增强创新意识。2012 年，社团更名为数学建模创新协会，目的是更好地培养学生的创新意识。社团成立最初只有 30 人，后续还有退出社团的，剩下的基本上是为了参加大学生数学建模竞赛而储备的队员，2006 年参加竞赛的队伍为 6 支，当年的最好成绩也只是省级二等奖，数学建模对于学生的受益面只有不到 30 人，相比于一年 3000 名大一新生的数量可谓少之又少。

从这个表可以看出，近几年数学建模社团的人数是逐年增加，参加数学建模竞赛的人数也是在逐年增加，数学建模的影响力也在不断扩大。但是存在问题是，每年初次纳新的人数很多，但是由于各种原因流失的人也很多，因此，如何保证社团成员流失是需要解决的一个问题。为此，笔者所在学校的数学建模创新协会通过各种活动和讲座以及一些公益性的活动来吸引学生继续关注数学建模。附录中罗列了一些数学建模创新协会的活动。

第二节　数学建模社团"三面式"的管理

数学建模协会作为一个学生社团组织，与学生有着自然的亲近，大学生兴趣广泛，针对这一特点，可以把数学建模的内容和活动做得形式多样一些，如师生交流座谈会、数模知识讲座、学生报告会、模拟以及户外游戏等活动，既增强了学生对数学建模的兴趣，又培养了学生的团队意识，使学生在轻松和谐的氛围中进行学习，实现了很好的教学效果，同时也培养了学生的创新能力。对于社团的正常运行还需要好的制度和管理模式，以笔者所在学校为例，数学建模创新协会具有自己的规章管理制度。在管理形式方面，每个学校也都有自己的一套管理方式，以笔者所在学校为例，数学建模社团的管理是以"三个管理面"来进行社团管理和学术交流的，具体如下：

（1）学术交流面

这个主要是通过"社团内部进行学术交流活动"和"老带新培训"两部分组成，内部的交流活动主要是学生之间的相互沟通和交流，以及不定期地邀请指导教师和外校专家做一些数学建模报告。老带新培训是指社团主席团成员（一般是参加过前一年全国大学生数学建模竞赛的学生）为新入社团的学生进行培训，培训的内容基本上都是之前指导教师对他们集训时的内容，这种培训方式可以提升社团成员的授课和理解问题的能力，对于在校大学生来说是一次很好的锻炼。

（2）网络交流面

采用 QQ 群，网络空间和微信公众平台等开展社团成员之间的交流互动，社团宣传。笔者所在学校的数学建模创新协会每一届社团都有相应的 QQ 群，另外，在 2014 年也积极申请了微信平台，目前的关注量也在 600 余人，微信平台的建立可以更方便使大学生关注数学建模相关信息，尤其是对大一新生可以更多的取了解数学建模，扩大数学建模的受益面和影响力。力求在大学生中打造一种"人人知数模，人人爱数模，人人参与数模"的良好的教育环境，使建模活动广泛化、群众化。

（3）交流互访面

开展研讨会，专家报告会，社团联谊会等交流活动，既可以丰富数学建模社团学生的知识面，又能促进数学知识的理解和吸收，通过与其他社团的联谊，丰富了社团学生的业余生活，又能学习其他社团好的管理经验，促进社团管理的制度化、规范化、专业化，也只有通过不断的学习，不断的交流，才能真正"走出去"，建立一个管理完善，富有成效的学生社团。

第三节　数学建模社团在数学建模竞赛中的作用

数学建模创新协会为数学建模竞赛搭建了一个平台，是数学建模竞赛强有力的后台，数学建模竞赛成绩的取得与这个平台密不可分，只有充分发挥数学建模创新协会的作用，才能源源不断的为数学建模提供人力和智力保障，才能为获取数学建模更好成绩打下基础。

（1）数学建模社团起着动员宣传的作用

从没听过，到知道，再到熟悉，只有通过大力宣传和动员，才能让更多的人了解数学建模，让更多优秀学生参加数学建模。大学校园中有许多数学爱好者，他们对数学建模也有一定的认识，只要有参加数学建模活动的愿望的，都可以利用数学建模协会招新的机会，加入数学建模创新协会。将成绩优秀的学生邀请加入数学建模协会，对进一步扩大数学建模协会，培育数学建模土壤，筑牢数学建模基础，起着重要的作用。

（2）数学建模社团起着知识传播的作用

高校学生在校学习时间较短，学业较为繁重，课余时间较少，因此数学建模培训一个主要矛盾是培训时间太少与培训内容太多之间的矛盾，矛盾导致的结果主要表现在学生问题分析与模型建立能力、计算机软件与编程能力、建模论文写作以及论文排版能力等方面的不足。数学建模协会作为一个学生社团组织，可以利用开展活动的时间，普及数模知识化解矛盾。由于数学建模协会大约在每年九月开学后招新之后，可以进行系统的数模知识培训。

（3）数学建模社团起着搭建平台的作用

如前所述，数学建模创新协会为数学建模竞赛搭建了一个平台，是数学建模竞赛强有力的后台，是人才和智力支持的重要保障，因此，数学建模社团必须搭好这个台子，为学生提供一个学习的环境，也可以不定期地组织报告会，邀请经验丰富的老师、专家学者等为学生们答疑解惑，促进学生数学能力的提升。

（4）数学建模社团起着选拔学生的作用

每年参加全国或美国数学建模竞赛学生的选拔都是通过校内赛来进行选择的，之后再通过数学建模培训进行筛选确定最终的参赛队员。笔者所在学院就是通过这种方式进行选拔的，一般选拔队员与参赛队员的比例为 2 ∶ 1。而数学建模创新社团就起着校内赛命题及选拔工作，当然这种选拔方式有个明显的弊端，就是所有队员都是来自校内竞赛成绩优秀的学生，而且校内竞赛一般一年举行一次，那些校内竞赛发挥不理想但建模能力突出或计算机技术水平优秀的学生就没法参加数学建模竞赛。为保障每一位有能力的学生都能够加入到建模竞赛队伍中来，可以通过校内竞赛与建模协会推荐两者相结合的方式选拔建模竞赛学生。两种方式相互补充、相得益彰确保最优秀的学生加入竞赛队伍。

第四节　数学建模社团在大学生创新能力培养方面的作用

数学建模社团的开展可以增强大学生参加数学建模竞赛的动力，社团活动特有的趣味性和实践性可以充分调动学生学习的兴趣，使得学生喜欢数学，而且可以更好更深入地了解数学建模相关知识体系，使得学生参与竞赛的热情较高，由于常年的社团活动使得他们不会为了竞赛而临时突击，可以更好的参与竞赛，使得参加数学建模社团的学生竞赛的成效更好。

数学建模社团是学生自发组织的服务学生的群体，除了学术研究之外，还可以进行一些创新创业的活动，具有更多的实践的机会。比如，可以利用平时社团所学的知识，以团体的形式进行一些数据处理的校企合作；也可以以微信平台和微信群等发布一些数学建模相关的微课等，进行一些微信群讲座，等等。这样可以让学生真正体会到数学的用处，达到学以致用的效果。

数学建模社团属于专业的学术性社团，成立是为了参加全国大学生数学建模竞赛，除此之外，在培养学生创新能力方面也起着重要的作用。由于学生社团的成员可以是不分专业和年级，所以一个良好的社团氛围使得不同专业的学生之间可以愉悦轻松的进行学术性的交流和互动，可以将本社团的学科领域向外延伸，不仅仅是在数学方面的研究，而且也包括计算机、经济、工程等领域，良好的交流氛围可以启迪学生们的创新思维，从而培养他们的创新能力。

以社团形式进行开展的数学建模活动，还可以为高校数学课程的改革开辟一条道路，可以先在社团范围内进行教学改革，包括前文提到的 APOS 理论和 PBCS 教学模式，都可以在社团成员中进行试点，再在全院范围进行改革，同时还可以在高数改革中融入数学建模的思想，使学生更深入地体会数学建模的"一次建模，终身受益"的宗旨。

数学建模社团是学生自发组织的，社团的组织机构都是学生在担任，社团的活动也都是学生在协调策划，甚至很多时候社团的老成员都可以辅助老师进行社团的一些学术性的讲座。因此，在学习的同时还锻炼了他们的处事应变能力团队合作的能力，可以说提高了学生的综合素质。

第九章 高校数学建模教学策略研究

第一节 数学建模教学的整体构想

数学建模承载着培养学生的数学素养和综合实践能力的重要使命。数学建模是更高程度的核心素养，具有很强的综合性，数学建模思想在高校数学知识中有着重要地位。数学建模对学生来说难度系数较大，要有一定的数学建模思想基础，教学需要一个渐进有层次的过程。为此，本书提出这样的构想：以数学建模思想为导向，以应用数学建模思想课堂教学为途径，在函数、几何与代数、统计与概率、数学建模与数学探究四条主线中分层切入，实现数学核心素养的整体提升和其他课程目标的实现。

第一，有意设计实际情境，帮助学生理解建构概念。

第二，套用数学概念、定理、公式等得出具有实际意义的结果。

第三，通过简单变式，间接套用概念、定理、公式等得出具有实际意义的结果。

第四，挖掘教材给出实际问题，引领学生完成数学化，进行简单应用。

第五，挖掘教材，引导学生自主提出问题，完成建立模型和模型求解的数学活动。

第六，根据问题情境，引导学生自主提出实际问题，师生共同完成建立模型和求解模型过程。

第七，选题到结题全过程，学生自主完成部分建模活动。

第八，选题到结题全过程，学生自主完成全部数学建模活动。

在日常课堂教学中融入数学建模思想，实现数学建模由隐性到显性的跨越，分别在函数、几何与代数、统计与概率主线中以数学建模思想为主题进行教学实践，帮助学生在头脑中形成数学建模意识，领会数学建模思想的指导意义。通过数学建模思想教学，引导学生学数学、做数学、用数学和研究数学，自主获取知识，进而提高数学能力，形成数学建模思想。在遇到实际问题时会应用数学知识解决问题，为后续的数学建模与数学探究活动奠定知识和思想基础。教师应用数学建模思想进行核心内容教学，完成数学建模思想在课程内容中的隐性渗透到数学建模教学的显性存在的过渡。

第二节 高校数学建模教学原则

按照大学课标对数学建模教学的要求，以推进数学学科核心素养的落实为目标，结合建模构想，确定数学建模教学原则。

一、高校数学建模教学时机与课时安排

表 9-1 为根据大学课标要求确定的高校数学建模教学课程分布和课时安排。

表9-1　高校数学建模教学的课程分布和课时安排

课程分布	主题分布	建议课时
必修课程	主题五	6课时
选择性必修课程	主题四	4课时
选修课程	C类课程	——

从表9-1可以看出，高校数学建模教学贯穿于整个高校数学课程当中，均位于所属课程的最后一个主题，并且必修课程比选择性必修课程多2课时。由于课程定位不同，相应的数学建模教学的学业要求也不同，具体见表9-2。

表9-2　高校数学建模教学所属课程定位的学业要求

课程类型	课程定位	学业要求
必修课程	高校毕业的数学学业水平考试和高考的内容要求	完成一个课题研究
选择性必修课程	考试的内容要求	参考必修课程
选修课程	大学自主招生的内容要求	以必修和选择性必修课程为基础，通过实例建立基于数学表达的经济模型和社会模型

选择性必修课程和选修课程对数学建模教学的学业要求均以必修课程为基础。

综上所述，数学建模教学作为综合运用数学知识的主题，要求在所属课程的最后进行开展。数学知识的掌握是培养数学学科核心素养的前提，所以此时是教学设计中落实数学学科核心素养的最佳时机。必修课程中的数学建模教学是高校阶段学生初次接触数学建模，学业要求方面应注重学生对基础数学建模的掌握，可以分配更多课时（6课时），选择2~3个课题进行巩固强化，要重视数学学科核心素养的综合培养，为后续课程的学习奠定基础。

二、教学目标的设定以突出数学学科核心素养为原则

教学目标是教学的目的和标准，是教学设计中的首要设计内容。数学学科核心素养的三个水平在情境与问题、知识与技能、思维与表达和交流与反思四个方面的质量描述与以往的三维教学目标相比，更具有针对性、指向性和层次性，叙述得更明确、更具体、更全面。所以，在设定三维教学目标时，不仅要体现学生应掌握的基础知识和基本技能、应体会的数学基本思想、应积累的数学基本活动经验，而且还要以此为沃土，培养学生数学学科核心素养，关注学生取得的相应水平。

（一）大学课标的要求

大学课标是设定教学目标的根本依据。它不仅在课程内容上提供教学提示和学业要求，还有针对性地提出培养学生哪些数学学科核心素养和数学学科核心素养的培养目标。根据必修课程的课程定位，高校学生数学学科核心素养的目标水平应达到水平一和水平二。

大学课标对必修课程中数学建模教学的教学提示：课题可以是教师给定的，也可以是师生商定的。学业要求：活动以解决某一研究课题的形式开展，学生要完成课题研究。学生要参与数学建模教学的全过程，即发现、提出和分析问题，建立模型，确定模型参数并计算求解，检验结果是否合乎实际并完善模型，解决实际问题。学生学会数学建模教学的基本过程，还要会收集整理资料，撰写研究报告，报告交流的过程。教师要组织学生对研究报告进行评价，评价结果存入学生的个人学习档案。

（二）分析教学内容

教学内容是设定教学目标的关键根据。以往分析教学内容仅分析本节课涉及的知识点、本节课的内容与前后教学内容的关系、教材编写的特点和渗透的数学思想方法等内容。此外，由于教学内容和数学学科核心素养是有机结合的，数学学科核心素养的质量水平划分又是结合教学内容进行的，所以还应研究教学内容中体现了哪些数学学科核心素养。通过深刻分析教学内容与数学学科核心素养之间的关联，才能设定突出数学学科核心素养的教学目标。

目前，教材中没有专门介绍数学建模教学的章节，因为教学内容的选择是对其进行分析的前提，所以这就涉及教学内容如何选择的问题。根据本书的理论依据和调查中的借鉴，选择教学内容时可参考以下五方面内容：

第一，在必修课程阶段，教学内容应以基础的数学模型为主，如基本初等函数模型；

第二，要充分运用所学的数学知识来选择教学内容，要对所学知识起促进作用；

第三，根据建构主义理论，教学内容要源于学生的生活实际，符合学生的最近发展区，有利于学生主动建构数学模型；

第四，根据问题解决理论，教学内容要体现数学建模教学的基本过程，培养学生利用数学解决实际问题的意识。

第五，能够综合提高学生数学学科核心素养，不仅仅是数学建模素养。

（三）分析学情

"以学生发展为本，立德树人，提升数学学科核心素养"是大学课标强调的课程基本理念之一。因此，分析学情是最终设定教学目标的必要依据。分析学情除了分析学生的知识与技能水平、学生的数学思维水平、学生的数学情感态度和其中的认知障碍等内容外，还应分析学生目前的数学学科核心素养水平。

（四）设定教学目标

综合以上分析，以及数学学科核心素养在它们之间的孕育点和生长点，就可以以突出数学学科核心素养为原则设定教学目标。可按照以下五点要求进行教学目标的设定。

第一，全面性。教学目标是三个维度的整合发展，不是单一目标的发展，要整合大学课标的要求，以及教学内容和学情的分析来设定具体目标，数学学科核心素养的水平也要从情境与问题等方面进行体现。

第二，表述的构成。教学目标的表述是由行为的主体、过程、条件和表现程度构成的，主体和条件通常可以不写，那么教学目标就由"行为过程 + 表现程度"来表述。

第三，表述的准确性。教学目标是对学生学习结果的期待，学生是行为的发生者，设定时，要注意主语应是学生。

第四，可操作性。教学目标描述要根据数学学科核心素养四个方面的质量描述进行，避免模棱两可，做到明确和可操作。

第五，可测性。结合教学内容，对于数学学科核心素养陈述得精确、标准、规范的教学目标具有可测性，便于教师做教学过程性评价和授课后教学评价。

三维教学目标的设定不仅应规范高校必修课程中数学建模教学的教学目标，还应突出数学学科核心素养的培养。例如：能从熟悉的情境中抽象出数学问题，这是情境与问题方面的数学抽象素养水平；了解数学建模的概念，知道数学建模的基本过程，这是知识与技能方面的数学建模素养水平；能够结合问题的特征形成合适的运算思路，这是思维与表达方面的数学运算素养水平，等等。

三、以培养数学学科核心素养为原则确定教学重难点

教学重点主要指教学内容中最主要的基础知识和思想方法，它能够联合本节课的教学内容，解决教学中的主要矛盾。教学难点主要指学生在知识或技能上的障碍，它的特点是抽象性和隐蔽性强，学生难以理解。如果教学重难点确定得不准确，那么教学质量就会受到影响，学生未能掌握的数学知识会越来越多，学生的数学学习能力得不到提高，更不能谈数学学科核心素养的培养。因此，要以培育数学学科核心素养为原则确定教学重难点，一方面把握培养数学学科核心素养的载体——基础知识和思想方法，另一方面了解学生在建构新知的过程中可能遇到的障碍，也就是待培养的数学学科核心素养，或者是待提升的数学学科核心素养水平，综合两方面确定教学重难点。

在必修课程中，数学建模教学的重点是新的数学模型的建立、认识和应用数学模型等数学思想方法的体会，教学难点是新的数学模型的建立和求解的过程，或者过程中所需要的解题技巧和方法。这样的教学重难点均指向数学建模等素养的水平。

四、以培养数学学科核心素养为原则选择教学方式

数学教学不仅在于知识的传授，还在于数学学习方法的传授，更要为学生数学学科核心素养的培养提供良好的条件，这都取决于教学方式的选择。有助于教学目标达成的教学方式，能从不同方面培养学生数学学科核心素养。

要结合教学内容的困难程度、学生的思维水平、学习状态和需要培养的数学学科核心素养来选择教学方式，要教、学并重，让学生学会学习，最终能从情境与问题等四个方面培养学生数学学科核心素养。针对能够综合培养学生数学学科核心素养的数学建模教学，由于它的活动性、过程性和搜索性等特点，可结合教学内容选择以下教学方式：

（一）讲练结合式

讲练结合式教学方式适用于初次开展的数学建模教学。因为学生不清楚什么是数学建模，所以教师可以先讲解示范，传授数学建模的基础知识和基本过程，然后让学生进行练习，通过类比，在做中学，进一步建构数学模型。

（二）合作探究式

合作探究式教学方式适用于具有一定背景知识的数学建模教学。学生对数学建模有一定的知识基础和方法后，可以进行分组，在教师的引导下，组内同学进行合作探究、互相交流、评价反思。

（三）专题研究式

在学生已经系统地掌握数学知识和数学建模方法后，将数学模型归类为某一专题开展数学建模教学。这样的教学方式能够综合情境与问题等四个方面培养学生数学学科核心素养。

（四）研究报告式

以报告的形式将数学建模教学的整个过程体现出来。研究报告可以是测量报告、专题作业或小论文等。这样的教学方式体现在学生书面的反馈与表现中，主要围绕知识与技能和思维与表达两方面综合培养学生数学学科核心素养。例如：将实际情境抽象成数学语言进行表示，提出数学问题，体现数学抽象素养的培养；计算解出模型的结果过程，体现数学运算素养的培养；数学建模步骤的清晰书写，体现数学建模素养的培养等。

此外，在"互联网+"时代，数学教育也同样离不开信息技术的广泛应用。教师在数学教学过程中，应将信息技术作为自身教学和学生学习的重要辅助手段，为教学和学习提供丰富的资源。这就要求教师转变过去的教学与学习方式，创新课堂教学，特别是高校数学建模教学，该课程内容与现实世界有紧密的联系，为了教学过程中实现以往教学方式很难达到的教学效果，就要将信息技术与数学教学密切结合在一起。例如，利用《几何画板》展示模型中几何图形动态的运动变化过程，利用计算机绘制复杂的函数模型的图像，在求解模型中利用计算机探索算法，进行大规模且步骤较多的运算等，通过这些过程，可以培养学生直观想象和数学运算等素养，也有助于教师的教学和学生的理解。

五、以落实数学学科核心素养为原则设计教学过程

教学过程设计是教学设计的重要部分，是课堂实际教学的初步呈现，也是根据之前设定的教学目标、确定的教学重难点和选择的教学方式来详细设计教学环节。当前，优化设计的教学过程不仅是达到教学目标的核心，还是全面落实培养数学学科核心素养的最佳载体，各个教学环节的设计都可以是体现培养学生数学学科核心素养的关键之处。

新的课程基本理念下，教学过程要以学生发展为根本，推进数学学科核心素养的落实，充分发挥学生建构数学知识的主观能动性。而通过调查发现，目前高校组织过的数学建模教学并不是大学课标下的数学建模教学，教师只是针对有关数学建模的问题占用大部分时间全程讲解，欠缺学生自主建构数学模型的过程，这对数学学科核心素养落实不力有着直接的影响。因此，结合大学课标对高校数学建模教学的教学提示建议，以落实数学学科核心素养为原则设计教学过程应遵循以下几点意见：

（一）结合教学理论，使落实数学学科核心素养有理可依

结合建构主义教学理论，教学过程首先通过创设情境和设计问题进行展开，有助于学生结合以往的学习或生活经验建构数学模型，发挥学生建构数学模型的主观能动性，掌握数学建模的概念和基本过程。创设的情境可以是现实的、数学的和科学的，每种情境又可以是熟悉的、关联的和综合的。提出的问题也可以分为三种，分别是简单的、较复杂的和复杂的。这样可以从情境与问题等方面落实数学学科核心素养，情境和"36+5"问题的种类又对应着相应的素养水平。

可在当前的教学过程中，教师往往忽视新课前的创设情境环节，单刀直入地提出问题，直接地传授知识，学生在情境与问题方面的数学学科核心素养得不到培养，不能找到数学知识与现实世界的联结点，就不能很好地掌握三角函数这一重要的知识，更不能解决实际问题，所以今后教师应给予重视。

结合问题解决理论，教授数学建模教学基本过程。以问题解决理论指导教学实践，数

学建模教学的教学过程要经历选题、开题、做题、结题四个环节。明确每个环节具体的形式和内容，有助于在教学环节中落实以形式和内容为载体的数学学科核心素养，并在设计意图中具体指出。

（二）宏观微观相结合落实数学学科核心素养

数学学科核心素养的培养是由浅入深、由表及里的，从其水平划分质量描述的细致性中就可以看出。这就要求教师在设计教学过程时必须以宏观和微观相结合的方式落实数学学科核心素养。宏观上，把握整体教学过程和数学学科核心素养四个方面的相关性，明确数学建模教学在选题、开题、做题和结题的环节中有助于培养学生哪方面的数学学科核心素养。微观上，把握具体环节应培养的数学学科核心素养，比如做题环节。这样，以宏观和微观相结合落实数学学科核心素养的方式来设计教学过程，能从整体设计到分步实施中促进学生数学学科核心素养的形成与发展。

（三）预设能够落实的数学学科核心素养及水平

一方面，结合教学目标中突出的数学学科核心素养及水平，在设计教学过程时要预设学生在情境与问题等四个方面的行为表现，再根据数学学科核心素养水平划分的质量描述，在设计意图中具体体现出所需要培养的数学学科核心素养及水平，这样将有助于在实际教学中给予落实。

另一方面，教学过程设计中要预设不同学生可能达到的数学学科核心素养水平。虽然说数学学科核心素养的培养是面对所有学生的，但由于每个学生的思维水平、方式和特征在发展上有着显著的差异，能够达到的数学学科核心素养水平也不尽相同，这也应该在设计教学过程中进行预设并在设计意图中体现出来。例如，在数学建模教学中，可能有的学生知道数学建模的基本过程，能在熟悉的情境中进行类比解决问题，可预设能够培养学生数学建模素养水平一；可能有的学生能选择合适的数学模型解决问题，知道如何确定模型参数，还能检验最后结果，可预设能够培养学生数学建模素养水平二。通过这两方面的预设，有助于在实际教学中予以落实，使学生的数学学科核心素养在教学过程设计的预设与生成中得以培养。

（四）设计应对突发事件的预案

虽然在设计教学过程时最大限度地预设能够落实的数学学科核心素养及水平，但据上述分析，每个学生的数学学科核心素养水平不同，探索新知过程中具体的反映和表现也不同。有的学生能够以更高的数学学科核心素养水平来探索新知，不仅仅是利用数学学科的知识，还能联系其他学科或其他领域的知识等。因为教学难点的存在，有的学生还达不到数学学科核心素养水平一，在探索新知的时候出现障碍，对于教师而言就会产生教学困难。这两种情况都可能是实际教学过程中常见的突发事件，应体现在教学设计中。

这就促使教师在设计教学过程时必须要做好多样性的应对方案，促进不同学生的不同水平的数学学科核心素养均衡向上发展。例如，在测量建筑物高度的数学建模教学中，有的学生能够联系物理学科里的自由落体运动知识建立数学模型，这就要求教师在教学过程设计中的一题多解上做好预案，发散学生的思维，使学生的数学学科核心素养水平能够向水平三发展。但有的学生由于知识基础和生活经验不足，想不出具体的测量方法，这时教师应在教学过程的设计中做好引导性的预案，提供一些实际生活中测量建筑物高度的资料，通过 ppt 放映，让学生观看，然后让其展开交流，总结测量思路。在交流总结的过程中，学生通过研究讨论，将实际问题进行数学抽象，发现其中的数学规律，得出测量方法。在不同的见解中，通过讨论、争辩、点拨，学生原本较低的数学学科核心素养水平正在向更高的水平发展。

六、以纳入数学学科核心素养水平为原则进行设计教学评价

教学离不开评价，评价不仅评价学生学习，还评价教师教学。那么教学设计也离不开教学评价的设计。以往的教学评价主要针对学生数学知识与技能的掌握，以及学生学习的情感态度和习惯等。大学课标下的教学评价还要评价学生数学学科核心素养水平达到何种程度。这就要求教师要以纳入数学学科核心素养水平为原则设计教学评价，具体操作可按照以下三点要求进行。

（一）以数学学科核心素养水平四个方面的质量描述为评价依据

教师要以数学学科核心素养水平四个方面的质量描述为评价依据，结合教学中学生的行为表现进行教学评价。例如，在数学建模教学中，有的学生能在结题交流环节借助模型结果来解释实际问题，可评价该生在交流与反思方面达到数学建模素养水平一；有的学生通过参与数学建模教学，知道了数学建模的基本过程，以后再遇到实际问题时可类比数学建模的基本过程来解决，可评价该生在知识与技能方面达到数学建模素养水平一；有的学生在求解模型的过程中，虽然运算步骤繁杂，但能够综合运用运算方法，按部就班地、程序性地完成正确计算，可评价该生在思维与表达方面达到数学运算素养水平二。可见，数学学科核心素养水平四个方面的质量描述为设计教学评价提供切实可行的依据，也可帮助教师衡量教学是否达到突出数学学科核心素养的教学目标。

（二）重视过程性评价，使数学学科核心素养水平层次性发展

众所周知，学生学习过程在变，那么数学学科核心素养水平也在变，所以我们要重视学习过程中的评价，特别是过程中数学学科核心素养水平的评价。因为学生对于数学知识的学习和理解在学习过程中是不断变化的，反映的数学学科核心素养水平的表现也是不断变化的，所以在教学评价设计中重视过程性评价。过程性评价的功能和目的包括以下两个方面。

第一，对于学生而言，过程性评价可以使学生知道哪些知识与技能是重要的，除此之外，还可以使学生清楚自己的数学学科核心素养水平的情况，进而了解自己在学习上的不足。例如，在数学建模教学的开题环节，虽然思考问题的思路明确，但用数学符号表示实际问题的能力还需要提高；在做题环节，知道数学建模教学基本过程的哪一个步骤掌握得不好；在求解模型时，运算能力还有待提高等。这样的过程性评价可以让学生明确自身在思维与表达和知识与技能方面的数学建模和数学运算素养还没达到水平一，促使学生思考自身的学习方法是否需要改进，便于自我调节，自觉学习和自我管理，最终使学生的数学学科核心素养水平实现从无到有、由低到高地按层次性发展。

第二，对于教师而言，过程性评价有助于调整教学策略和改进教学方式，更重要的是能使突出数学学科核心素养的教学目标在教学过程中得到实现。例如，数学建模教学的过程性评价中，了解到大多数学生在知识与技能方面的数学运算素养还没达到水平一，那么

在接下来的教学中就不能有运算思路就忽略具体的运算环节，要重视运算过程，给学生运算时间，再做过程性评价，最终使学生在知识与技能方面的数学运算素养达到水平一，部分学生还有可能达到水平二或三。

"注重过程评价，关注素养，提高学业质量"是当前的课程基本理念之一，这就要求教师设计教学评价时具体体现，促进学生数学学科核心素养水平层次性发展。设计数学建模教学的过程性评价需要注意以下三个方面。

第一，可评价学生根据实际情境提出的问题是否准确，解决思路是否有创造性，小组合作交流讨论是否高效，建模过程是否清晰，结题交流中是否分析误差并想出避免的办法等。

第二，可以是非正式的"即时评价"。例如，学生有建模思路后就进行汇报，撰写研究报告后就进行展示等，可在其中设计非正式的"即时评价"。"即时评价"能够让学生即时地发现不足，也是数学学科核心素养待培养和提高的方面，也让教师检验数学学科核心素养水平目标是否达成。教师多以鼓励的方式进行评价，让学生以此为进步的动力，促进学生数学学科核心素养水平层次性发展。

第三，对学生在过程中的学习表现和学习成就进行记录、保存和分析。例如，完成课题研究报告的程度、课前搜集相关资料的数量、优秀的数学建模成果、教师给予的评语等。这样的过程性评价可以对学生数学学科核心素养水平进行"跟踪"了解，明确今后数学学科核心素养水平的发展方向。

（三）多种评价方式，促进数学学科核心素养全面培养

1. 设计的评价主体多元化

例如，在数学建模教学的结题评价中，评价者可以是教师、同学，甚至是学生本人，或者是校外有关方面的专家。这样，可从不同评价主体的不同评价中，从不同的角度了解学生经历数学建模教学后，数学学科核心素养的培养情况。其中，合理的评价又可以对进一步的培养起到针对性和全面性的作用。

2. 设计的评价形式多样化

以往设计的教学评价形式主要是考试测验，这在情境与问题、思维与表达和交流与反思方面的数学学科核心素养得不到培养。所以，评价形式还可以是口头测验，或者是课堂观察，观察课堂活动中的表现程度和小组合作探究中的参与积极性等。因为每个学生的思维水平和能力均会体现在各个方面，多样化的评价形式有助于全面培养和发展学生的数学学科核心素养。

落实数学学科核心素养需要依赖于课堂教学的实施，更取决于教师课前的教学设计，反之数学学科核心素养又是教师教学设计的操作指南。由此可见，数学学科核心素养和教学设计之间是互相成全、互相促进的。为了使数学学科核心素养的培养贯穿于课堂教学的始终，教师就要把数学学科核心素养与教学设计有机且紧密地结合在一起。

第三节　高校数学建模教学设计

一、高校数学建模教学设计流程

对一些高校阶段的数学教师进行深入采访后发现，将数学建模材料分布在数学课程的各个教学单元之中并不能方便教师开展数学建模活动，他们大都觉得现行的高校数学课本里的数学建模材料较为单调，缺少那些既符合学生学习要求，又适合教师课堂讲解的数学建模题目。

然而，数学建模教学重在"过程"，而不是常规的"知识训练"，所以数学建模的教学重点不是训练学生对某模块知识的掌握，更多是注重培养学生运用数学抽象理论处理现实问题的思维。由于数学建模固有的跨学科特性和实际背景的丰富性，即使有独立成册的高校数学建模教材，却依然满足不了数学建模教学的需求，更何况数学建模教学不是概念教学，而是注重学生对建模过程的学习与体验，从而掌握建模方法，获得数学建模能力。依据不同的教学模式，数学建模教学不是必须进行完整的建模过程练习才能训练学生的建模能力。一方面教师可以在平常的数学课程中零星地慢慢渗透，另一方面就是让学生经历选题、开题、做题、结题四个数学建模环节。

对于前者，需要教师从学生熟悉的教学情境中选择较小的建模任务，给学生独自选模型、解模型、做结论的机会。例如，用几分钟的时间一起对课堂学生内容进行扩展，让学生独立决定在新的题目假设的情况下如何解决。而对于后者，教师有效开展数学建模教学，首要考虑的问题就是在一定的建模周期内选择怎样的数学建模题目。数学教师应当有意识成为数学建模题目的"发现者"，从实际生活或相关的数学建模竞赛中取材，并结合课程标准的要求、学生的实际情况和课程内容的知识安排，筛选出适用于自己课堂教学的数学建模题目。

因此，成功开展数学建模教学的关键之处，就是对数学建模题目进行筛选，找出合适的数学建模主题，确定数学建模题目。

（一）起始阶段

顾名思义，处于起始阶段的学生群体大多是初步接触数学建模活动，对数学建模的认识可能仅停留在解应用题的层面上。针对这种情况，建议教师从以下两方面着手：一方面是安排一次以"数学建模之我识"为主题的阅读活动，以文献阅读的方式，间接地学习成功的数学建模经验，帮助学生尽快熟悉数学建模过程；另一方面则是引导学生对简单建模题目进行建模，带领学生经历数学建模过程，理解建立模型的设计过程，增强学好数学建模的信心。图9-1为数学建模起始阶段的教学实施的流程图。

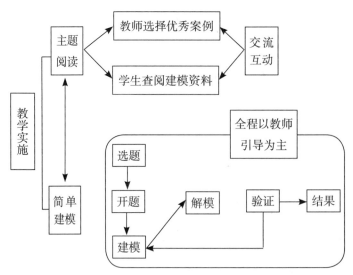

图9-1　数学建模起始阶段的教学实施的流程

（二）模仿阶段

模仿阶段的时候学生已初步了解数学建模的全过程，但对独立解决数学建模问题并不熟练。建议教师落实高校数学建模的教学目标，结合教材内容挑选典型数学建模题目，可以有计划地将一个数学建模问题拆分成两个或多个小的数学建模任务，让学生参与到数学建模的部分过程，锻炼思维能力。也可以选择较为复杂的数学建模题目，重复在起始阶段的"简单建模"环节，并尽量降低对学生的指导影响。

此时数学建模题目不一定要是最新颖的，但一定要易于学生理解整个数学建模过程，便于学生模仿建立模型的方法，尽量让学生自己独立完成，满足学生的成就感，提高学生对数学建模的兴趣。图 9-2 为数学建模模仿阶段的教学实施的流程图。

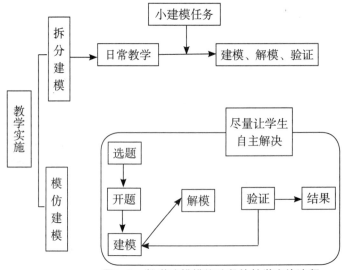

图9-2　数学建模模仿阶段的教学实施流程

（三）创新阶段

创新阶段，学生能够在综合的情境之中，发现并提出问题，可自主选择感兴趣的数学建模题目，并能独立或以小组合作的形式建立适当的模型，完成求解模型并验证结论的数学建模过程。在选题过程中，可以由教师指导并确定选题的可行性；在建模过程中，教师尽量减少干预学生思维想法的次数，提高学生独立工作和相互合作的能力。图9-3为数学建模创新阶段的教学实施的流程图。

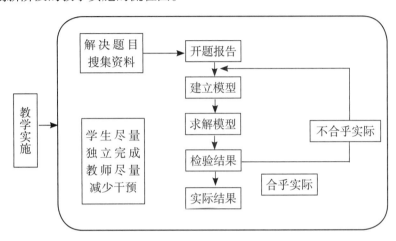

图9-3 数学建模创新阶段的教学实施的流程图

大部分学生能够经过努力达到第二阶段的模仿能力，教师需要特别注意并把握数学建模教学与学生现实所学知识的结合点，将数学建模与日常教学内容有机结合，培养学生的数学应用意识。

高校数学建模教学的设计要贴合学生的能力水平，数学建模题目的设置必然需要被教师视为影响建模教学成功与否的首要因素。在数学课程中，教师应尽量联系学生的生活实际，结合学生的特长和兴趣点，努力成为数学建模资源的建设者和数学建模题目的发现者。

二、高校数学建模题目的筛选原则

由于选题准备是数学建模教学活动的第一步，所以在筛选数学建模题目的过程中，不仅要考虑到教学活动离不开课程标准的指导，而且需要结合学生群体的具体情况以及教材内容的设置安排。因此，高校数学建模题目的筛选原则应从三个方面考虑，即课程标准分析、学情分析和教材分析。

（一）基于课程标准分析确立的筛选原则

高校数学课程标准中，对数学建模的实施建议在很大程度上决定了数学建模课程发展的大方向。

1.依据教学与评价建议

根据大学课标中与数学建模教学与评价相关的要求，总结出高校数学建模题目的筛选原则。

（1）真实性原则

情境创设和问题设计要有利于发展数学建模素养。正如孙晓天教授所言，谈"数学素养"首要一点就是联系，即知道书本上的数学与现实生活中的数学之间的联系。也就是说，将数学理论知识应用于解决现实生活中的真问题，才能达到对数学知识的真正理解。事实上，这种联系数学与现实世界的形式，显然就是利用数学模型来处理实际问题的过程。所以，数学建模选用的题目最好有现实背景，有利于激发学生的数学学习兴趣。

例如，在 2012 年的 PISA 测试题中，有一道关于超市设置结账台的问题，该问题属于最优化问题，综合考虑了超市营业过程中对顾客结账有影响的诸多因素，尤其是考虑到现在科技的发展问题，无人超市、自助付款机的诞生对超市运营有很大的影响，显然非常符合数学建模对真实情境的要求，而且有很大的拓展空间。但是，倘若面对这道题目的学生对问题背景陌生，那么这道题目就不再适用于数学建模教学的选题，这就需要教师根据学生身处的社会生活环境来选择更贴近真实生活的题目。

（2）拓展性原则

要在合适的教学情境选择适宜难度的数学建模问题。一般而言，教学情境分为三类，即现实情境、数学情境和科学情境，每种情境又可以分为熟悉的、关联的和综合的，数学建模题目定式源于现实情境，那么依据学生对该情境的熟悉度，可将数学建模问题分为简单问题、较复杂问题和复杂问题。而学生最终所选现实情境的熟悉度以及学生感受到的难易程度，都是因人而异的。

由此，教师在选择数学建模题目时，不仅需要关注学生的社会生活环境，还要考虑学生的知识储备情况和心理认知能力水平。同时，教师也要选择拓展空间大的现实背景，以便于不同水平学生都能够参与到数学建模活动中。

例如，乘坐出租车应付的费用问题。尽管现在看来，该问题已经失去了现实意义，但是当设置以"规划出行"为主题的数学建模活动时，此问题可以灵活改变成各种适宜的形式。考虑到目前交通方式的多样化，教师也可自己调查一份当前运营的出租车计价方式，形成新的数学建模题目，或者交由学生自己去收集数据，整理分析通过某段路程的打车费用。

（3）过程性原则

要具有研究的价值，能展现数学建模的完整过程。由于学生的知识储备有限，高校阶段的数学建模活动并不看重建模结果的高度准确性和绝对科学性，也不把结果的正确性当作第一位的教学目标，而是更加注重学生对于应用数学知识解决实际问题这一数学建模过程的体验和经历。在数学建模的学习中，教师应指导每个学习者都有信心参与。不论是以个人参加，还是小组合作进行，都是值得肯定的。

也就是说，数学建模活动最注重的是过程性评价，所以选择的数学建模题目应重在体现出数学建模的完整过程，而不纯粹地关注问题解决的答案本身。只要学生能锻炼小组合作能力，对于自己所研究的问题进行正确合理的分析和解释，较为正确合理地运用所学知识解决问题，即使其中存在一定的误差，或者逻辑上存在不严谨的问题，该数学建模活动也是成功的。

（4）工具性原则

要重视计算机技术的运用，善于利用有效的数学建模工具。在"互联网+"时代，越来越普及的现代信息技术，正逐步对数学教育产生巨大的影响。在计算机环境下题目背景更具真实性，而且也为学生学习和教师教学提供了琳琅满目的题目。根据大学课标的要求，开放性问题和探究性问题的评分应遵循满意原则和加分原则。而根据加分原则，可以针对"善于使用计算工具"加分。

时至今日，高校阶段的学生在日常生活中经常性地接触计算机，但是他们或许并不知道真正常用的数学建模工具是哪些。现在高校数学教材中就有计算软件的介绍，即科学计算自由软件。因此，不论是数据分析软件，还是图形分析软件，这些方便快捷的数学建模工具，都需要教师帮助学生熟悉并运用数学模型求解之中。

也就是说，不仅是选题中注意考虑该题目是否会用到计算机技术，更重要的是建模过程中，要鼓励学生有意识地运用现代信息技术来分析求解模型。

（二）依据学业水平考试与高考命题建议

关于数学建模活动与数学探究活动的学业要求主要是为了提升学生的六大核心素养，而高考命题的重点考查方向是学生的思维过程、实践能力和创新意识，以及问题情境的设计是否自然、合理。

根据大学课标中的命题原则可以看出，加强了对数学应用问题的考查，且评分标准遵循满意原则和加分原则，达到测试的基本要求视为满意，在答题中对有所拓展或创新的学生，可根据实际情况进行加分。

第一，数学应用的广泛性决定了建模问题的多样性原则。

数学建模最大的特点就是锻炼学生应用数学知识去解决生活中现实问题，而生活中存在着各种各样的现实问题，而且在建模过程中，会发现纯粹的数学知识其实并不足以解决复杂的现实问题。

第二，数学问题贴近学生的生活。在熟悉的实际背景下，更容易解决问题，获得成就感，体会数学的应用价值。同时，考虑到相似的现实情境，该问题还可以进行很多形式的拓展。这展现了数学建模题目的拓展性原则。

高校数学建模课程的最终目标，是为了让学生培养发现问题和提出问题的能力，这也是对于我国高校学生来说最大的难点。开展数学建模活动，培养学生在日常学习与生活中多观察和多思考的良好习惯。

第三，让学生以交流讲评的形式，给出该项目从"开题"到"做题"，直至"结题"的整个过程的评价。这样，不仅让学生经历整个数学建模过程，理解数学建模的意义，还锻炼了学生通过数学建模的结论和思想说明实际问题的能力。这体现了数学建模题目需要强调过程性原则。

（三）基于教材分析确立的筛选原则

狭义上说，教材分析指的是在进行教学设计时，对教材地位的介绍、对教材内容的分析和对教材作用的分析。本节从宏观的角度，对教材整体进行分析，以确定高校阶段数学建模题目的筛选原则。

汇总以上两方面因素的分析结果，最后得出五条关于高校数学建模题目的筛选原则。

第一，真实性原则。数学建模题目的选择要考虑到学生的现实生活，让建模问题不应该仅仅做到实际上"是"真实的，还应该看起来像是真实的，让数学建模从生活中来，再回到现实中去，以解决生活中的现实问题。

第二，丰富性原则。数学建模题目的选择就要有各式各样的现实背景，以便清晰地展示和解释建模背后想法的必要性，以及应用建模解决各种现实世界问题的需求。另外，所选的数学建模题目应将尽量多的数学知识单元包含在内。

第三，拓展性原则。数学建模题目要满足"一题多问"，即一个题目背景，多种问题层次，需要有各种难度，以便所有参与的学生都能从中发现适合自己解答的一些题目，给学生展示能力的机会。另外，要能够激发学生在建模的过程中产生新的问题，获得发现并提出问题的能力。

第四，过程性原则。高校数学建模题目需要关注便于学生体验数学建模的全过程，即选题、开题、做题、结题，而不仅仅是问题本身的解决结果。

第五，工具性原则。数学建模题目要结合学生对计算机技术、某些必要的测量工具的实际熟悉度，以及校方教学资源配置，尽可能地提高数学建模过程中各种工具的利用率。

三、高校数学建模题目的改编原则

高校数学建模教学可以采取多种形式来进行，而模型的选择可用来激励新技术和新内容的学习。小型的建模活动可以用来巩固新概念，并说明它们的应用，而进一步的建模活动则会帮助学生将从课程的不同内容部分或不同的课程中所获得的观点整合在一起。尽管建模周期的时间限制仍然影响学生参加数学建模创新的频率和时间，但是随着数学知识内容的丰富，也为学生提供了更多适用于数学建模的新工具，如函数、几何、概率与统计、微积分等，所以对于高校生来说，数学建模活动是可以在各个学段都安排的数学探究性活动，而处于不同学段的教学任务都有各自的特点。

（一）丰富度原则

丰富度原则指的是依据学生的数学建模经验的丰富度。由于实际情境中的问题往往会特别复杂，不确定因素会有很多，设置模型参数时可能远远超过学生对数学建模的预期，所以此时需要教师帮助初步接触数学建模的学生适度简化问题背景，对事实的某些发生条件做出合理假设，使得初学者能够在自己知识能力范围内进行建模。这是针对初学建模或对建模活动经验少的学生，教师的支架作用很重要，否则会在很大程度上打击学生的积极性，使学生对数学建模活动望而却步。相反，如果学生的建模经验已经很丰富了，那么教师可以先放手，让学生自己探寻事实背景中隐含的数学建模问题，发现并提出问题，分析并建立模型，那么教师的支架作用就会弱化。

（二）兴趣度原则

兴趣度原则主要指的是依据学生对题目真实背景感兴趣的程度，这在很大程度上影响着学生发现与提出问题的能力。为了提高学生参与数学建模的积极性，将原始的数学建模背景调换成学生感兴趣的事物上也是允许的。若数学建模活动能够在学生熟悉的生活情境中开展，有利于提升学生的数学意识，并生动地说明了数学在理解日常生活和现实世界上的重要性。

（三）课时度原则

课时度原则是依据数学建模活动的课时安排。理论上，建立一个完整的建模周期是需要时间和经验的，而数学建模活动与数学探究活动的课时安排仅有 6 课时。如果教师将其密集安排在一周之内的时间，那么可以对数学建模题目背景不做过多调整，给学生独立发现问题的时间和机会。如果教师将这 6 课时分散安排，建议教师可以将该建模问题分解成很多小的建模问题，为学生列出所有可能的问题方案和解决思路，并在课堂时间上以学生讨论为主，建模过程可用小论文或报告的形式展示。

（四）知识度原则

知识度原则是依据学生的知识能力范围。数学建模活动重在过程而非结果，过程才是重点。但是，对于问题的改编，要尽量减少不必要的人为加工和刻意雕琢，为学生提供数学建模的"提示与要求"等线索即可，多留给学生独立探究的空间。开展数学建模活动的目的不是学生能否解决问题，而是解决问题的方式方法与培养学生团队意识等一些非数学知识本身的学习与锻炼。

四、高校数学建模题目的选择

结合以上原则，教师可以从以下方面入手选择建模题目。

（一）教师以课本中内容为基础改编形成数学建模题目

高校数学教材不论是必修课程还是选修课程，均渗透了很多数学建模的典型例子。教材通过大量的实际问题，建立起一些基本数学模型，如线性模型、二次曲线模型、指数函数模型、三角函数模型等，教师在教学过程中要详细讲解模型的背景、模型的形成过程，以及模型的应用范围等。教师要学会挖掘教材中现成的数学建模教学案例。比如，在讲授一个新的知识点时，教师可以在传统教学模式的基础之上，通过广泛地查阅文献资料以及教学课件，提炼整理出一种将数学建模思想融入实际教学活动中的教学案例，再根据班级学习情况适当地简化教学方式，或拓展数学建模小知识。这样，既可以丰富学生的数学学习视野，又能不断提升自身教学功底，灵活地采取合适的教学方式开展数学教学。教材中适合改编成数学建模相关教学案例的题型有很多，最常见的就是几类初等函数模型，如指数函数、对数函数、三角函数等。除了函数外，还有线性模型，如线性规划模型等。

从教材课本中适当选取典型例题改编成数学建模题目，不仅能巩固学生对于教材基本知识的掌握，更能有利于学生将平时所学理论知识运用到实践中，提升实践能力和创新能力。

（二）教师从教学活动中提炼数学建模题目

俗话说："教师想要给学生一碗水，自己就要有一桶水。"在教书育人过程中，教师要树立终身学习观念。好的教师是"授人以渔"，而不是"授人以鱼"。教师可以根据平时数学课堂上的教学与作业反馈情况，以及学生比较感兴趣的数学问题，选定适合学生数学学习水平的数学建模题目。教师凭借着多年的教学经验和社会经验，要善于利用现成的教学素材。

（三）教师通过生活实际提出数学建模题目

教师从教材中悉心选取合适的数学建模素材，并联系生活实际与学生学习水平，选取和改编适合于学生解决的数学建模题目。学生不仅能较牢固地掌握教材的基本知识点，还能简单地运用理论知识解决生活实际问题，对数学建模也有了初步的认识和了解，数学应用意识与应用能力也有了初步提高。这时，学生便能结合所学知识与经验，以及网上搜集的资料，提出一些实际问题，并能通过数学建模来解决实际问题，通过数学建模小论文来反映研究结果等。比如，学生在商场购物时会发现每个商场的促销手段是不一样的，那么学生就可以根据需要购买物品的预算来合理地选择更加优惠的商场购物。又或是在选择投资方案问题时，学生通过收集数据，建立相应的函数模型进行拟合实验，最后得出利润最高且资金最为保险的投资方案等。高校生知识面广，知识系统性强，学生能自主提出数学建模问题，而生活实际反映的数学建模问题一般比较复杂，具有一定的挑战性。在教师的指导下，师生共同努力完成数学建模的完整过程，有利于增强学生学习数学的兴趣和自信心，为学习提供动力，增强数学学科的解题能力与解题技巧。

第十章 优化数学模型

随着科学技术不断地进步，优化问题在社会经济生活中的应用范围也越来越广泛。最优化问题已经成为工程应用领域使用最广泛的技术术语之一。由于该问题的普遍性和复杂性，研究者对优化理论和方法进行了广泛而深入的研究，进而在诸多工程领域予以推广和应用。随之也产生了大量适用于不同优化问题的求解方法，一般可分为传统优化方法和智能优化方法。本章将依次介绍线性规划数学模型、非线性规划数学模型、整数规划数学模型、目标规划数学模型、动态规划数学模型以及它们利用数学软件的实现方式。本章还将重点介绍两种优化软件的使用。建立优化数学模型可能并不困难，但是如何建立一个合理的优化模型，以及求解所建立的模型将是此类问题的难点，同时也是本章介绍的重点。

第一节 线性规划数学模型

线性规划是运筹学的重要分支，是 20 世纪三四十年代初兴起的一门学科。1947 年，美国数学家 G.B.Dantzig 及其同事提出的求解线性规划的单纯形法及其有关理论具有划时代的意义。他们的工作为线性规划这一学科的建立奠定了理论基础。随着 1979 年苏联数学家哈奇扬的椭球算法和 1984 年美籍印度数学家 H.Karmarkar 算法的相继问世，线性规划的理论变得更加完备、成熟，适用领域更加宽广。线性规划研究的实际问题多种多样，如生产计划问题、物资运输问题、合理下料问题、库存问题、劳动力问题、最优设计问题等，这些问题虽然出自不同的行业，有着不同的实际背景，但都是属于如何计划、安排、调度的问题，即如何物尽其用、人尽其才的问题。

就模型而言，线性规划数学模型类似于高等数学中的条件极值问题，只是其目标函数和约束条件都限定为线性函数。线性规划数学模型的求解方法目前仍以单纯形法为主要方法。

人们处理的最优化问题，小至简单思索即行决策，大至构成一个大型的科学计算问题都具有三个基本要素，即决策变量、目标函数和约束条件。

● 决策变量：决策者可以控制的因素，例如根据不同的实际问题，决策变量可以选为产品的产量、物资的运量及工作的天数等。

● 目标函数：以函数形式来表示决策者追求的目标。例如目标可以是利润最大或成本最小等。对于线性规划，目标函数要求是线性的。

● 约束条件：决策变量需要满足的限定条件。对于线性规划，约束条件是一组线性等式或不等式。

例：加工奶制品的生产计划

一奶制品加工厂用牛奶生产 A_1、A_2 两种奶制品，1 桶牛奶可以在设备甲上用 12 小时加工成 3 公斤 A_1，或者在设备乙上用 8 小时加工成 4 公斤 A_2。根据市场需求，生产 A_1、

A_2 全部能售出，且每公斤 A_1 获利 24 元，每公斤 A_2 获利 16 元。现在加工厂每天能得到 50 桶牛奶的供应，每天正式工人总的劳动时间为 480 小时，并且设备甲每天至多能加工 100 公斤 A_1，设备乙的加工能力没有限制。试为该厂制订一个生产计划，使每天获利最大。

进一步讨论以下三个附加问题：

● 若用 35 元可以买到 1 桶牛奶，是否作这项投资？若投资，每天最多购买多少桶牛奶？

● 若可以聘用临时工人以增加劳动时间，付给临时工人的工资最多每小时几元？

● 由于市场需求变化，每公斤 A_1 的获利增加到 30 元，是否改变生产计划？

问题分析

这个优化问题的目标是使每天的获利最大，要做的决策是生产计划，即每天用多少桶牛奶生产 A_1，用多少桶牛奶生产 A_2（也可以是每天生产多少公斤 A_1，多少公斤 A_2），决策受到 3 个条件的限制：原料（牛奶）供应、劳动时间、设备甲的加工能力。按照题目所给，将决策变量、目标函数和约束条件用数学符号及式子表示出来，就可以得到下面的模型。

模型设计

设每天用 x_1 桶牛奶生产 A_1，用 x_2 桶牛奶生产 A_2。设每天获利为 z 元。x_1 桶牛奶可生产 $3x_1$ 公斤 A_1，获利 $24 \times 3x_1$，x_2 桶牛奶可生产 $4x_2$ 公斤 A_2，获利 $16 \times 4x_2$，故 $z=72x_1+64x_2$。

生产 A_1，A_2 的原料（牛奶）总量不得超过每天的供应，即 $x_1+x_2 \le 50$；生产 A_1，A_2 的总加工时间不得超过每天正式工人总的劳动时间，即 $12x_1+8x_2 \le 480$；A_1 的产量不得超过设备甲每天的加工能力，即 $3x_1 \le 100$；x_1，x_2 均不能为负值，即 $x_1 \ge 0$，$x_2 \ge 0$。

$$\max z = 72x_1 + 64x_2$$
$$\text{s.t} \begin{cases} x_1+x_2 \le 50 \\ 12x_1 + 8x_2 \le 480 \\ 3x_1 \le 100 \\ x_1 \ge 0, x_2 \ge 0 \end{cases}$$

从本章下面的实例可以看到，许多实际的优化问题的数学模型都是线性规划（特别是在像生产计划这样的经济管理领域），这并不是偶然的。让我们分析一下线性规划具有哪些特征，或者说，实际问题具有什么性质，其模型才是线性规划。

● 比例性：每个决策变量对目标函数的"贡献"，与该决策变量的取值成正比；每个决策变量对每个约束条件右端项的"贡献"，与该决策变量的取值成正比。

● 可加性：各个决策变量对目标函数的"贡献"，与其他决策的取值均无关；各个决策变量对每个约束条件右端项的"贡献"，与其他决策变量的取值无关。

● 连续性：每个决策变量的取值是连续的。

比例性和可加性保证了目标函数和约束条件对于决策变量的线性性，连续性则允许得到决策变量的实数最优解。

对于本例，能建立出上面的线性规划模型，实际上是事先做了如下的假设：

1. A_1，A_2 两种奶制品每公斤的获利是与它们各自产量无关的常数，每桶牛奶加工出 A_1，A_2 的数量和所需的时间是与它们各自产量无关的常数。

2. A_1，A_2 每公斤的获利是与它们相互间产量无关的常数，每桶牛奶加工出 A_1，A_2 的数量和所需的时间是与它们相互间产量无关的常数。

3. 加工 A_1，A_2 的牛奶桶数可以是任意实数。

这 3 条假设恰好符合上面的 3 条性质。当然，在现实生活中这些假设只是近似成立。比如 A_1，A_2 的产量很大时，自然会使每公斤的获利有所减少。

当问题非常复杂时，建立数学规划模型已经不是问题的难点，求解模型才是问题的难点。本章将介绍两类专业的数学软件 LINDO/LINGO，它们是专门用来解决各种优化问题的数学软件。

美国芝加哥大学的 Linus Schrage 教授于 1980 年前后开发了一套专门用于求解最优化问题的软件包，后来又经过了多年的不断完善和扩充，并成立了 *LINDO* 系统公司进行商业化运作，最后取得了巨大成功。这套软件包的主要产品有 4 种：*LINDO*，*LINGO*，*LINDO API* 和 *What's Best*！。在最优化软件的市场上占有很大的份额，尤其在供微机使用的最优化软件的市场上，上述软件产品具有绝对的优势。在 LINDO 公司主页上提供的信息，位列全球《财富》杂志 500 强的企业中，一半以上企业使用上述产品，其中位列全球《财富》杂志 25 强的企业中有 23 家使用上述产品。大家可以从该公司的主页上下载上面四种软件的演示版和大量应用例子。演示版与正式版的基本功能是类似的，只是演示版能够求解问题的规模会受到严格限制。即使对于正式版，通常也被分成求解版、高级版、超级版、工业版、扩展版等不同档次的版本，不同档次的版本的区别也在于能够求解的问题的规模大小不同。当然，规模越大的版本的销售价格也越昂贵。

LINDO 是英文 Linear Interactive and Discrete Optimizer 字母的缩写形式，即"交互式的线性和离散优化求解器"，可以用来求解线性规划和二次规划；LINGO 是英文 Linear Interactive and General Optimizer 字母的缩写形式，即"交互式的线性和通用优化求解器"，它除了具有 LINDO 的全部功能外，还可以用于求解非线性规划，也可以用于一些线性和非线性方程组的求解等。LINDO 和 LINGO 软件的最大特色在于可以允许决策变量是整数，而且执行速度很快。LINGO 实际上还是最优化问题的一种建模语言，包括许多常用的数学函数供使用者建立优化模型时调用，并可以接受其他数据文件。即使对优化方面的专业知识了解不多的用户，也能够实现建模和输入、有效地求解和分析实际中遇到的大规模优化问题，并通常能够快速得到复杂优化问题的高质量解。LINDO 和 LINGO 软件能求解的优化模型参见图 10-1。

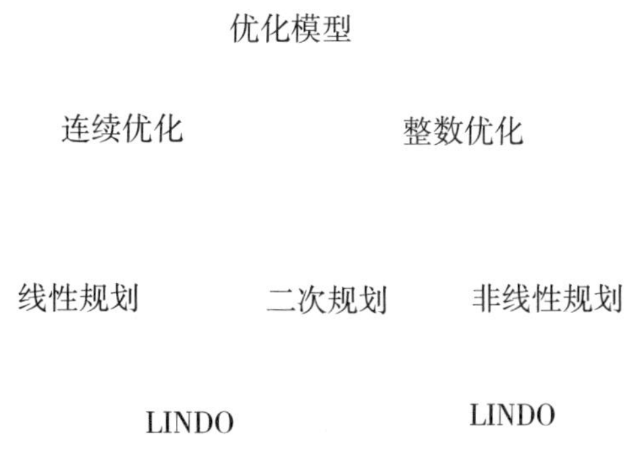

优化模型

连续优化   整数优化

线性规划   二次规划   非线性规划

LINDO   LINDO

图10-1 两种优化软件的求解范围

此外，LINDO 系统公司还提供了 LINDO/LINGO 软件与其他开发工具（如 C++ 和 Java 等语言）的接口软件 LINDO API（LINDO Application Program Interface），使 LINDO 和 LINGO 软件还能方便地融入用户应用软件的开发中去。最后，*What's Best*！软件实际上提供了 *LINDO/LINGO* 软件与电子表格软件的接口，能够直接集成到电子表格软件中进行使用。由于上述特点，LINDO、*LINGO*、*LINDO API* 和 *What's Best*！软件在教学、科研和工业、商业、服务等领域得到了广泛应用。本节只介绍在 *Microsoft Windows* 环境下运行的 LINDO/LINGO 最新版本的使用方法，并包括社会、经济、工程等方面的大量实际应用问题的数学建模和实例求解。在这里需要强调的是，目前 LINDO 公司已经将 LINDO 软件从其产品目录中删除，这意味着以后不会再有 LINDO 软件的新版本了。

程序设计

$$\max\ 72x1 + 64x2$$

$$s.t.\ x1 + x2 <= 50\ \ 12x1 + 8x2 <= 480\ \ 3x1 <= 100$$

运行结果

```
LP OPTIMUM FOUND AT STEP        2

            OBJECTIVE FUNCTION VALUE

    1)          3360.000

VARIABLE         VALUE          REDUCED COST

    X1           20.000000         0.000000

    X2           30.000000         0.000000

    ROW    SLACK OR SURPLUS DUAL PRICES

    2)           0.000000         48.000000

    3)           0.000000          2.000000

    4)          40.000000          0.000000

NO. ITERATIONS =        2

RANGES IN WHICH THE BASIS IS UNCHANGED:
```

OBJ COEFFICIENT RANGES

VARIABLE	CURRENT COEF	ALLOWABLE INCREASE	ALLOWABLE DECREASE
X1	72.000000	24.000000	8.000000
X2	64.000000	8.000000	16.000000

RIGHTHAND SIDE RANGES

ROW	CURRENT RHS	ALLOWABLE INCREASE	ALLOWABLE DECREASE
2	50.000000	10.000000	6.666667
3	480.000000	53.333332	80.000000
4	100.000000	INFINITY	40.000000

上面的输出中除了告诉我们问题的最优解和最优值以外，还有许多对分析结果有用的相关信息。

1. 三个约束条件的右端不妨看作三种"资源"：原料、劳动时间、设备甲的加工能力。输出中"SLACK OR SURPLUS"给出这三种资源在最优解下是否有剩余：原料、劳动时间的剩余均为零，设备甲尚余40千克加工能力。一般称"资源"剩余为零的约束为紧约束（有效约束）。

2. 目标函数可以看作"效益"成为紧约束的"资源"一旦增加，"效益"必然跟着增长。输出中"DUAL PRICES"给出这三种资源在最优解下"资源"增加1个单位时"效益"的增量：原料增加1个单位（1桶牛奶）时，利润增长48元；劳动时间增加1个单位（1小时）时，利润增长2元；而增加非紧约束（设备甲的能力）显然不会使利润增长。这里，"效益"的增量可以看作"资源"的潜在价值，经济学上称为影子价格，即1桶牛奶的影子价格为48元，1小时劳动的影子价格为2元，而设备甲的影子价格为零。各位可以用直接求解的办法去验证上面的结论，即将输入文件中原料约束右端的50改为51，看看得到的最优值（利润）是否恰好增长48元。

3. 目标函数的系数发生变化时（假定约束条件不变），最优解和最优值会改变吗？输出中"CORRENT COEF"的"ALLOWABLE INCREASE"和"ALLOWABLE DECREASE"给出了最优解不变条件下目标函数系数的允许范围：x_1 的系数为（72-8，72+24），即（64，96）；x_2 的系数为（64-16，64+8），即（48，72）。注意：x_1 系数的允许范围需要 x_2 系数64不变，反之亦然。

对"资源"的影子价格做进一步的分析。影子价格的作用是有限制的。输出中"CURRENT RHS"的"ALLOWABLE INCREASE"和"ALLOWABLE DECREASE"给出了影子价格有意义条件下约束右端的限制范围：原料最多增加10桶，劳动时间最多增加53小时。

LINDO程序有以下特点：

● 程序以"MAX"（或"MIN"）开始，表示目标最大化（或最小化）问题，后面直接写出目标函数表达式和约束表达式；

● 目标函数和约束之间用"ST"分开；（或用"s.t."，"subject to"）

● 程序以"END"结束（"END"也可以省略）。

● 系数与变量之间的乘号必须省略。

● 书写相当灵活，不必对齐，不区分字符的大小写。

● 默认所有的变量都是非负的，所以不必输入非负约束。

● 约束条件中的"＜＝"及"＞＝"可分别用"＜"及"＞"代替。

● 一行中感叹号"！"后面的文字是注释语句，可增强程序的可读性，并不参与模型的建立。

LINDO 模型的一些注意事项：

1.变量名由字母和数字组成，但必须以字母开头，且长度不能超过 8 个字符，不区分大小写字母，包括关键字（如 MAX、MIN 等）也不区分大小写字母。

2.变量不能出现在一个约束条件的右端（即约束条件的右端只能是常数）；变量与其系数间可以有空格（甚至回车），但不能有任何运算符号（包括乘号"*"等）。

3.模型中不接受括号"（ ）"和逗号"，"等符号（除非在注释语句中）。例如："4（X_1+X_2）"须写为"$4X_1+4X_2$"；"10，000"须写为"10000"。

4.表达式应当已经化简。如，不能出现"$2X_1+3X_2-4X_1$"，而应写成"$-2X_1+3X_2$"等。

5.LINDO 中已假定所有变量非负。若要取消变量的非负假定，可在模型的"END"语句后面用命令"FREE"。例如，在"END"语句后输入"FREE vname"，可将变量 vname 的非负假定取消。

6.数值均衡化考虑：如果约束系数矩阵中各非零元的绝对值的数量级差别很大（相差 1000 倍以上），则称其为数值不均衡。为了避免数值不均衡引起的计算问题，使用者应尽可能对矩阵的行列进行均衡化。此时还有一个原则，即系数中非零元的绝对值不能大于 100000 或者小于 0.0001。

例："菜篮子工程"中的蔬菜种植问题

对于一些中小城市，蔬菜种植采取以郊区和农区种植为主，结合政府补贴的方式来保障城区蔬菜的供应。需求这样不仅提高了城区蔬菜供应的数量和质量，还带动了郊区和农区菜农种植蔬菜的积极性。

某市的人口近 90 万，该市在郊区和农区建立了 8 个蔬菜种植基地，承担全市居民的蔬菜供应任务，每天将蔬菜运送到市区的 35 个蔬菜销售点。市区有 15 个主要交通路口，在蔬菜运送的过程中，从蔬菜种植基地可以途经这些交通路口再到达蔬菜销售点。如果蔬菜销售点的需求量不能被满足，则市政府要给予一定的短缺补偿。同时市政府还按照蔬菜种植基地供应蔬菜的数量以及路程，发放相应的运费补贴，以此提高蔬菜种植的积极性，运费补贴标准为 0.04 元 / 吨·千米。

针对下面两个问题，分别建立数学模型，并制订相应的蔬菜运送方案。

（1）为该市设计从蔬菜种植基地至各蔬菜销售点的蔬菜运送方案，使政府的短缺补偿和运费补贴最少；

（2）若规定各蔬菜销售点的短缺量一律不超过需求量的30%，重新设计蔬菜运送方案。

问题分析

第一问，设计从蔬菜种植基地至各蔬菜销售点的蔬菜运送方案，使政府的短缺补偿和运费补贴最少。首先要设计出蔬菜种植基地至各蔬菜销售点的最短距离。在最短距离的基础上，使政府的短缺补偿和运费补贴最少。因此，建立线性规划模型，在上述最短距离的条件下，求目标函数即短缺补偿和运费补贴的最小值。

第二问，在规定了各蔬菜销售点的短缺量一律不超过需求量的30%的条件下，重新设计蔬菜运送方案。将第一问的线性规划模型进行改进，增加上述约束条件，最后求解上述模型。

模型设计

已知有 i 个生产基地 A_i，有 j 个销售点 B_j。首先，计算 8 个生产基地与 35 个销售点之间的最短路径 $D=(d_{ij})_{8 \times 35}$，dij 表示从生产基地 A_i 到销售点 B_j 的最短路径长度。最短路径算法将在第十一章中详细介绍，应用该算法可以得到各生产基地到各销售点的最短路径。

为该市设计从蔬菜种植基地至各蔬菜销售点的蔬菜运送方案，使政府的短缺补偿和运费补贴最少。生产基地 A_i 蔬菜供应量分别为 a_i，销售点 B_j 蔬菜需求量分别为 c_j，x_{ij} 表示从 A_i 到 B_j 的运量。每个种植基地的蔬菜运送量为运送到各个销售点运量的总和。有如下约束条件：

$$\begin{cases} \sum_{j=1}^{35} x_{ij} = a_i, i = 1, 2, \cdots, 8 \\ x_{ij} \geq 0 \end{cases}$$

政府的短缺补偿和运费补贴最少的目标函数为：

$$\min S = T + \sum_{j=1}^{35} H_j$$

其中，S 为总的补偿费用，T 为总的运费补贴，H_j 为销售点 B_j 的短缺补偿。总的补偿费用为总的运费补贴与总短缺补偿之和。总的运费补偿函数 T 为：

$$T = \eta \sum_{j=1}^{35} \sum_{i=1}^{8} d_{ij} \times x_{ij}$$

其中，η 为运费补贴系数。销售点 B_j 的短缺补偿函数 H_j 为：

$$H_j = b_j \times (c_j - \sum_{i=1}^{8} x_{ij})$$

其中，b_j 为销售点 B_j 的短缺补偿系数，每个销售点短缺补偿额为该销售点短缺补偿系数与短缺量的乘积。短缺量为该销售点的需求量与8个生产基地运到该销售点的蔬菜量之差。

综上所述，第一问的线性规划模型如下：

$$\min S = \eta \sum_{j=1}^{35} \sum_{i=1}^{8} d_{ij} \times x_{ij} + \sum_{j=1}^{35} b_j \times (c_j - \sum_{i=1}^{8} x_{ij})$$

$$\text{s.t.} \begin{cases} \sum_{j=1}^{35} x_{ij} = a_i, i = 1, 2, \cdots, 8 \\ \sum_{i=1}^{8} x_{ij} \leq c_j, j = 1, 2, \cdots, 35 \\ \\ x_{ij} \geq 0 \end{cases}$$

使用 *LINDO* 求得上述模型可以得到最少补贴为 48611 元，从结果中可以发现：大部分销售点的蔬菜都是只由一个生产基地提供的，另外只有 6 个销售点的蔬菜由两个生产基地提供。

如果规定各蔬菜销售点的短缺量一律不超过需求量的 30%，加入约束条件：

$$c_j - \sum_{i=1}^{8} x_{ij} \le 0.3c_j, j = 1, 2, \cdots, 35$$

所以，改进后的运送模型为：

$$\min S = \eta \sum_{j=1}^{35} \sum_{i=1}^{8} d_{ij} \times x_{ij} + \sum_{j=1}^{35} b_j \times (c_j - \sum_{i=1}^{8} x_{ij})$$

$$\text{s.t.} \begin{cases} \sum_{j=1}^{35} x_{ij} = a_i, i = 1, 2, \cdots, 8 \\ \sum_{i=1}^{8} x_{ij} \le c_j, j = 1, 2, \cdots, 35 \\ c_j - \sum_{i=1}^{8} x_{ij} \le 0.3c_j, j = 1, 2, \cdots, 35 \\ x_{ij} \ge 0 \end{cases}$$

使用 *LINDO* 求得上述模型可以得到最少补偿为 58054 元，从结果可以发现，大部分销售点的蔬菜都是只由一个生产基地提供的，而且由于此时的约束条件更为严格，所以算出的最小补贴为 58 054 元高于第一问的结果，这也是意料中的。

蔬菜生产基地减产 1 吨政府补偿额会增加 700 左右，各个蔬菜销售点需求增加 1 吨，政府补偿额会增加 150 左右，同样增加额高于第一问的结果。

通过以上两例可以看出：尽管所提问题的内容不同，但从构成数学问题的结构来看却属于同一优化问题，其结构具有如下特征：

（1）目标函数是决策变量的线性函数；

（2）约束条件都是决策变量的线性等式或不等式。

具有以上结构特点的模型就是线性规划模型，简记为 *LP*，它具有一般形式为：

$$\max(\min) f = c_1 x_1 + c_2 x_2 + \ldots + c_m x_m$$

$$\text{s.t.} \begin{cases} a_{11}x_1 + a_{12}x_2 + a_{1m}x_m \le (=, \ge)b_1 \\ a_{21}x_1 + a_{22}x_2 + a_{2m}x_m \le (=, \ge)b_2 \\ a_{m1}x_1 + a_{m2}x_2 + a_{mm}x_m \le (=, \ge)b_m \\ x_1 + x_2, \ldots, x_m \ge 0(或者不受限制) \end{cases}$$

第二节　非线性规划LINGO程序设计基础

线性规划的应用范围十分广泛，但仍存在较大局限性，对许多实际问题不能进行处理。非线性规划比线性规划有着更强的适用性。事实上，客观世界中的问题多是非线性的，给予线性处理大多是近似的，是在做了科学的假设和简化后得到的。在实际问题中，有一些不能进行线性化处理，否则将严重影响模型对实际问题近似的可依赖性。但是，非线性规划问题在计算上通常比较困难，理论上的讨论，也不能像线性规划的问题那样，给出简洁的形式和透彻全面的结论。

例：板材切割问题

某钢管零售商从钢管厂进货，将钢管按照顾客的要求切割后再进行售出。从钢管厂进货时得到的都是长度为19m原料钢管。现有一个客户需要长度为4m的钢管50根、长度为6m的钢管20根和长度为8m的钢管15根。应如何下料最节省？

零售商如果采用的不同切割模式太多，将会导致生产过程的复杂性，从而增加生产和管理成本。所以，该零售商规定采用的不同切割模式不能超过3种。此外，该客户除需要上述中的三种钢管外，还需要长度为5m的钢管10根，应如何下料才最节省？

模型设计

问题一

首先，应当确定哪些切割模式是可行的，所谓切割模式，是指按照客户需要在原料钢管上安排切割的一种组合。例如，我们可以将长度为19m的钢管切割成3根长度为4m的钢管，余料为7m；或者将长度为19m的钢管切割成长度为4m、6m和8m的钢管各1根，余料为1m。显然，可行的切割模式可以有很多。

其次，应当确定哪些切割模式是合理的。通常，假设一个合理的切割模式的余料不应该大于或等于客户需要的钢管的最小尺寸。例如，将19m长的钢管切割成3根4m的钢管是可行的，但余料为7m，可以进一步将7m的余料切割成4m钢管（余料为3m），或者将7m的余料切割成6m钢管（余料为1m）。在这种合理性假设下，切割模式一共有7种。

问题化为在满足客户需要的条件下，按照哪些合理的模式，切割多少根原料钢管最为节省。所谓节省可以有两种标准：一是切割后剩余的总余料最小，二是切割原料钢管的总根数最少。下面将对这两个目标分别进行讨论。

决策变量：用x_i表示按照第i种模式（$i=1$，2，$\cdots$，7）切割的原料钢管的根数，显然它们应当是非负数。决策目标：以切割后剩余的总余量最小为目标，可得到：

$$\min Z_1 = 3x_1 + x_2 + 3x_3 + 3x_4 + x_5 + x_6 + 3x_7$$

以切割原料钢管的总根数最少为目标，则有：

$$\min Z_2 = x_1 + x_2 + x_3 + x_4 + x_5 + x_6 + x_7$$

约束条件为满足客户的要求，则有：

$$\text{s.t.} \begin{cases} 4x_1 + 3x_2 + 2x_3 + x_4 + x_5 \geq 50 \\ x_2 + 2x_4 + x_5 + 3x_6 \geq 20 \\ x_3 + x_5 + 2x_7 \geq 15 \end{cases}$$

【思考题】请思考两种目标函数下，取得的最优方案是否相同？为什么？如果两种最优方案不同，请思考何种更为合理？

问题二

按照解问题一的思路，可以先通过枚举法首先确定哪些切割模式是可行的，但由于需求的钢管规格增加到 4 种，所以枚举法的工作量较大。

通过枚举法可以确定 16 种可行且合理的切割模式。决策变量：用 x_i 表示按照第 i 种模式（$i=1$，2，$\cdots$，16）切割的原料钢管的根数，显然它们应当是非负数。决策目标：以切割原料钢管的总根数最少为目标，则有：

$$\min Z = \sum_{i=1}^{16} x_i$$

分析第二问的难点在于：该零售商规定采用的不同切割模式不能超过 3 种。为了实现该要求，引入额外的决策变量：用 r_i 表示采用第 i 种模式（$i=1$，2，$\cdots$，16）。

$$r_i = \begin{cases} 1, \text{采用第}i\text{种模式} \\ 0, \text{不采用第}i\text{种模式} \end{cases}$$

因此，对切割原料钢管的总根数最少的目标需要修正如下：

$$\min Z = \sum_{i=1}^{16} r_i x_i$$

以上目标函数可以理解为：所采用的切割模式下所用的原料钢管总数。

约束条件为满足客户的要求，则有：

$$\sum_{i=1}^{16} y_{ij} r_i x_i = d_j, j=1,2,3,4$$

其中，d_j 表示用户对于第 j 种类型钢管的需求数，$j=1$，2，3，4 分别表示长度为 4m、5m、6m、8m 的钢管。y_{ij} 表示第 i 种模式、第 j 种类型钢管的根数。

下面介绍一种可带有普遍性、可以同时确定切割模式和切割计划的方法。同问题（1）类似，一个合理的切割模式的余料不应该大于或等于客户需要的钢管的最小尺寸（本题为4m）。切割计划中只使用了合理的切割模式，而由于本题中参数都是整数，所以合理的切割模式的余量不能大于 3m。此外，这里仅选择总根数最少为目标来进行求解。

决策变量 由于不同切割模式不能超过 3 种，可以用 x_i 表示按照第 i 种模式（$i=1$，2，3）切割的原料钢管的根数，显然它们应当是非负整数。设所使用的第 i 种切割模式下每根原料钢管生产长度为 4m、5m、6m 和 8m 的钢管数量分别为 r_{1i}，r_{2i}，r_{3i}，r_{4i}（非负整数）。

决策目标 以切割原料钢管的总根数最少为目标，即目标为：

$$\min x_1 + x_2 + x_3$$

约束条件 为满足客户的需求，应有

$$\text{s.t.}\begin{cases} r_{11}x_1 + r_{12}x_2 + r_{13}x_3 \ge 50 \\ r_{21}x_1 + r_{22}x_2 + r_{23}x_3 \ge 10 \\ r_{31}x_1 + r_{32}x_2 + r_{33}x_3 \ge 20 \\ r_{41}x_1 + r_{42}x_2 + r_{43}x_3 \ge 15 \end{cases}$$

每一种切割模式必须可行、合理，所以每根原料钢管的成品量不能超过 19m，也不能小于 16m（余料不能大于 3m），于是：

$$\text{s.t.}\begin{cases} 16 \le 4r_{11} + 5r_{21} + 6r_{31} + 8r_{41} \le 19 \\ 16 \le 4r_{12} + 5r_{22} + 6r_{32} + 8r_{42} \le 19 \\ 16 \le 4r_{13} + 5r_{23} + 6r_{33} + 8r_{43} \le 19 \end{cases}$$

与 LINDO 相比，LINGO 软件主要具有两大优点：除具有 LINDO 的全部功能外，还可用于求解非线性规划问题，其中包括非线性整数规划问题；内置建模语言，允许以简练、直观的方式描述较大规模的优化问题，所需的数据可以以一定格式保存在独立的文件中。

LINGO 不询问是否进行敏感性分析，敏感性分析需要将来通过修改系统选项启动敏感性分析后，再调用"REPORT|RANGE"菜单命令来实现。现在同样可以把模型和结果报告保存在文件中。

一般来说，LINGO 中建立的优化模型可以由五个部分组成，或称为五"段"（SECTION）。

1. 集合段（SETS）：以"SETS"开始，"ENDSETS"结束，定义必要的集合变量（SET）及其元素（MEMBER，含义类似于数组的下标）和属性（ATTRIBUTE，含义类似于数组）。

2. 目标与约束段：目标函数、约束条件等，没有"段"的开始和结束标记，因此实际上就是除其他四个段（都有明确的段标记）外的 LINGO 模型。这里一般要用到 LINGO 的内部函数，尤其是与集合相关的求和函数 @SUM 和循环函数 @FOR 等。

3. 数据段（DATA）：以"DATA"开始，"ENDDATA"结束，对集合的属性（数组）输入必要的常数数据。格式为："attribute（属性）=value_list（常数列表）；"常数列表（value_list）中数据之间可以用逗号"，"分开，也可以用空格分开（回车等价于一个空格）。

4. 初始段（INIT）：以"INIT"开始，"ENDINIT"结束，对集合的属性（数组）定义初值（因为求解算法一般是迭代算法，所以用户如果能给出一个比较好的迭代初值，对提高算法的计算效果是有益的）。如果有一个接近最优解的初值，对 LINGO 求解模型是有帮助的。定义初值的格式为："attribute（属性）=value_list（常数列表）；"

5. 计算段（CALC）：以"CALC"开始，"ENDCALC"结束，对一些原始数据进行计算处理。在实际问题中，输入的数据通常是原始数据，不一定能在模型中被直接使用，可以在这个段对这些原始数据进行一定的"预处理"，得到模型中真正需要的数据。

例：太阳影子定位问题

如何确定视频的拍摄地点和拍摄日期是视频数据分析的重要方面，太阳影子定位技术就是通过分析视频中物体的太阳影子变化，确定视频拍摄的地点和日期的一种方法。

1. 建立影子长度变化的数学模型，分析影子长度关于各个参数的变化规律，并应用你们建立的模型画出 2015 年 10 月 22 日北京时间 9：00—15：00 之间天安门广场（北纬 39°54'26″，东经 116°23'29″）3 米高的直杆的太阳影子长度的变化曲线。

2. 根据某固定直杆在水平地面上的太阳影子顶点坐标数据，建立数学模型确定直杆所处的地点。

问题分析

问题一：本小题要求建立影子长度变化模型，并将该模型应用于实际地理背景，进行对太阳影子的仿真计算。考虑引起影子长度变化的直接因素是太阳高度角和杆子测量高度，据此分析影响太阳高度角变化的因子，最终得到影响影长变化的因子有太阳高度角、太阳赤纬角、太阳方位角和时角等参数。将模型应用到题目所给时间和位置上进行求解，绘制不同时刻下直杆太阳影子长度的变化曲线。

问题二：本小题要求根据已知某日期和时刻所对应的位置坐标，建立模型并应用到实际数据中，找出满足要求的地理位置。考虑所给数据中坐标系朝向未知，分析造成坐标变化的因素，考虑轨迹随时间的变化情况，基于坐标变化思想，对任意时刻的方位角求解。用最小二乘法使真实轨迹和计算轨迹偏差最小。

模型设计

问题一

考虑任意物体影子长度都是由太阳光照射引起的，且物体高度和太阳高度角是影响影长的两个直接因素。某一地点太阳高度角在不同时刻是变化的，由于地球存在公转，且地球地心一直在赤道平面上，故太阳直射点在南北回归线之间来回移动，进而要考虑物体所在地理纬度。考虑地球绕太阳公转时，地轴指向不变，导致太阳和地心连线与赤道平面夹角发生变化，故需考虑太阳赤纬角和太阳方位角。考虑地球自身在自转，故在探讨影子长度几何关系时还需要考虑时角等因素。

综上分析，在研究影子长度相关的几何参数时，考虑对太阳方位角、太阳赤纬角、太阳高度角和时角等参数进行分析定位，各参数的几何意义分别为：

太阳赤纬角 δ：太阳中心和地球中心的连线与地球赤道平面的夹角。其中，在春秋分时刻夹角最小为 $0°$，在夏至和冬至时角度达到最大为 $\pm23°26'36''$；

太阳高度角 h：地球表面上任意一点和太阳的连线与地平线的夹角；

时角 t：单位时间内地球自转的角度，定义为正午时角为 $0°$，记上午时角为负值，下午时角为正值。

太阳赤纬角是地球赤道面与日地中心连线的夹角，黄赤交角为黄道面与赤道面的交角，是赤纬角的最大值。查阅相关文献，目前地球的黄赤交角约为 $23°26'$，在日地二体系统中，选定地球为参照物，假设太阳沿赤道面绕地球做匀速圆周运动。定义积日零点为 2015 年 1 月 1 日，以 2015 年春分日为 3 月 21 日，与 2015 年 1 月 1 日相差 79 天。由于春分时 $\delta=0°$，因此以春分日为基准，则得到赤纬角的计算式为：

$$\sin\delta = \sin\theta_{tr}\sin[360/365(N-79)]$$

考虑太阳的运行轨迹，计算太阳对地球上某一物体的影子长度变化轨迹，查阅文献得到主要由当地的地理纬度和时间这两个因素决定。假设物体所在地理纬度记为 φ，地理经度记为 α，北京时间记为 t_0，北京时间所在经度记为 α_0，各参数的意义如下：

时角 t：考虑任一经度位置的物体在计算时角时都是以北京时间为基准，且规定正午时角为 $0°$。故得到时角计算式为：

$$t = 15 \times [t_0 + (\alpha - \alpha_0)/15 - 12]$$

太阳高度角 h：入射至地表某点的太阳光线与该点切平面夹角，计算公式为：

$$h = \sin^{-1}(\sin\varphi\sin\delta + \cos\varphi\cos\delta\cos t), \quad h \in [-90°, 90°]$$

太阳赤纬角 δ：太阳中心和地球中心的连线与地球赤道平面的夹角，由赤纬角的理论推导得到公式为：

$$\sin\delta=\sin\theta_{tr}\sin[360/365.2422(N-79)]$$

综上分析得到，影子长度函数式为：

$$l=H\times\coth=H\times\cot[\sin^{-1}(\sin\varphi\sin\delta+\cos\varphi\cos\delta\cos t)]$$

考虑在影长模型中根据经纬度和时间对各个时刻的太阳高度角求解，进而求得影子长度。现将该模型应用到实际地理背景中，已知拍摄地点为天安门广场（北纬 39°54'26″，东经 116°23'29″）时，且拍摄时间为 2015 年 10 月 22 日北京时间 9：00—15：00。

影子长度在北京时间 12：14 时刻影子长度最短为 3.7992m，即此时刻太阳高度角最大为 38.296°。影子长度变化率先减小后增大，即越靠近北京时间 12：14 时刻，太阳高度角和影子长度单位时间的变化率就越小，且曲线是连续变化的。联系实际背景可得，在北京时间 10 月 22 日，太阳直射点在南半球，且往南回归线方向移动，故相对应天安门这一地点的影子长度均大于实际长度是合理的，在一定程度上也说明了模型的可靠性。

问题二

考虑对给定太阳顶点影子坐标数据，建立模型确定所观测点的地理位置。建立确定直杆所处位置与时间的数学模型，由于描述太阳状态的角度对时间十分敏感，无法直接使用北京时间，为了计算直杆所处地点，需要转换为真太阳时，即当地的地方时间，建立优化模型，运用最小二乘法使得预测影长轨迹与实际影长轨迹之间误差最小，进而得到最有可能的观测位置。

由问题一模型几何求解得到影长与太阳高度角之间函数关系为：

$$l=H\times\cot h$$

其中，h 为太阳高度角，h=arcsin（$\sin\varphi\sin\delta+\cos\varphi\cos\delta\cos t$）。

考虑建立平面直角坐标系 xOy，x 轴正方向为正东，y 轴正方向为正北，则影长在 x 轴和 y 轴的分量分别为：

$$\begin{cases} x=\dfrac{l\sin A}{\tanh} \\ y=\dfrac{l\cos A}{\tanh} \end{cases}$$

其中，A 为太阳方位角。

考虑表 10-8 中所给出的 x 和 y 坐标数据没有规定坐标轴方向，由于任意两个时刻的坐标系角度是变化的，故需要统一坐标系。再用最小二乘法计算求解，将得到的影长坐标数据与真实坐标数据进行比较。坐标变换示意图如图 10-2 所示。

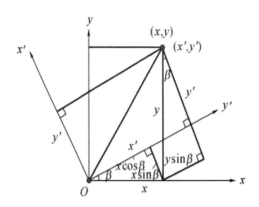

图10-2　坐标转换示意图

将各时刻坐标系旋转 β 角后，由图 10-7 转换示意图分析得到新旧坐标变换公式为：

$$\begin{cases} x' = x\cos\beta + y\sin\beta \\ y' = -x\sin\beta + y\cos\beta \end{cases}$$

其中，β 为两平面直角坐标系变化前后旋转角度；x 和 y 为变化前坐标；x' 和 y' 为变化后坐标。

求解的目标是得到若干个可能的直杆所在地点，为使得阴影的长度和位置即轨迹与附件所给尽可能相近，所以利用最小二乘法建立如下优化模型。目标函数为：

$$\min f = \sum_{i=1}^{n} [(x'_i - x_i)^2 + (y'_i - y_i)^2]$$

其中，x_i 和 y_i 为真实的影子横纵坐标；x'_i 和 y'_i 为预测得到的影子横纵坐标。

约束条件为：

$$\begin{cases} \varphi \in [-90°, 90°] \\ \alpha \in [-180°, 180°] \end{cases}$$

参数关系为：

$$\begin{cases} \sin\delta = \sin\theta_{tr}\sin[\dfrac{360}{365.2422}(N-79)] \\ t = 15 \times \left(t_0 + \dfrac{\alpha - \alpha_0}{15} - 12 \right) \\ h = \sin^{-1}(\sin\varphi\sin\delta + \cos\varphi\cos\delta\cos t) \end{cases}$$

对上述几何关系式中未知参数在全范围遍历使得计算得到轨迹与真实轨迹之间相对误差尽可能小，并运用最小二乘法，通过 MATLAB 对优化模型进行计算求解。通过对优化模型求解，得到满足影子轨迹最优和影子长度最优目标下的位置信息。考虑优化模型求解后，得到通过影长优化的地理位置位于海南省。

第三节 整数规划数学模型

在某些线性规划模型中，变量取整数时才有意义。例如，不可分解产品的数目，如汽车、房屋、飞机等，或只能用整数来记数的对象。这样的线性规划称为整数线性规划，简称整数规划，记为 IP。整数规划分为两类：一类为纯整数规划，记为 PIP，它要求问题中的全部变量都取整数；另一类是混合整数规划，记之为 MIP，它的某些变量只能取整数，而其他变量则为连续变量。整数规划的特殊情况是 0-1 规划，其变量只取 0 或者 1。

例：最佳组队问题

某班准备从 5 名游泳队员中选择 4 人来组成接力队，参加学校的 $4 \times 100m$ 混合泳接力比赛。5 名队员 4 种泳姿的百米成绩如下表所示，问：应如何选拔队员组成接力队？

问题分析

从 5 名队员中选出 4 人组成接力队，每人一种泳姿，且 4 人的泳姿各不相同，使接力队的成绩最好。容易想到的一个办法是穷举法，组成接力队的方案共有 5！=120 种，逐一计算并做比较，即可找到最优方案。显然，这不是解决这类问题的好办法，随着问题规模的变大，穷举法的计算量将是无法接受的。可以用 0-1 变量表示一个队员是否入选接力队，从而建立这个问题的 0-1 规划模型，借助现成的数学软件求解。

模型设计

记甲、乙、丙、丁、戊分别为队员 i=1，2，3，4，5；记蝶泳、仰泳、蛙泳、自由泳分别为泳姿 j=1，2，3，4。记队员 i 的第 j 种泳姿的百米最好成绩为 c_{ij}（s）。

引入 0-1 变量 x_{ij}，若选择队员 i 参加泳姿 j 的比赛，记 x_{ij}=1，否则记 x_{ij}=0。根据组成接力队的要求，x_{ij} 应该满足两个约束条件：

● 每人最多只能入选 4 种泳姿之一；

● 每种泳姿必须有 1 人而且只能有 1 人入选；

当队员 i 入选泳姿 j 时，$c_{ij}x_{ij}$ 表示他（她）的成绩，否则 $c_{ij}x_{ij}$=0。于是接力队的成绩可以表示为 $Z=\sum_{j=1}^{4}\sum_{i=1}^{5}c_{ij}x_{ij}$，这就是该问题的目标函数。

综上，这个问题的 0-1 规划模型可写作：

$$Z=\sum_{j=1}^{4}\sum_{i=1}^{5}c_{ij}x_{ij}$$

$$\text{s.t.}\begin{cases} \sum_{j=1}^{4}x_{ij} \leq 1 \\ \sum_{i=1}^{5}x_{ij} = 1 \\ \\ x_{ij} \in \{0,1\} \end{cases}$$

程序设计

LINDO 程序的源代码如下：

$$Min66.8x11 + 75.6x12 + 87x13 + 58.6x14 + 57.2x21 + 66x22 + 66.4x23 + 53x24 + 78x31 +$$

$$67.8x32 + 84.6x33 + 59.4x34 + 70x41 + 74.2x42 + 69.6x43 + 57.2x44 + 67.4x51 + 71x52 +$$

$$83.8x53 + 62.4x54$$

$$s.t. \ x11 + x12 + x13 + x14 \leq = 1 \ x21 + x22 + x23 + x24 \leq = 1 \ x31 + x32 + x33 + x34 \leq = 1$$

$$x41 + x42 + x43 + x44 \leq = 1 \ x11 + x21 + x31 + x41 = 1 \ x12 + x22 + x32 + x42 = 1$$

$$x13 + x23 + x33 + x43 = 1 \ x14 + x24 + x34 + x44 = 1$$

end

int 20

最后一行表示 20 个决策变量全部为 0-1 变量。

```
Global optimal solution found.
Objective value:                        253.2000
Objective bound:                        253.2000
Infeasibilities:                        0.000000
Extended solver steps:                  0
Total solver iterations:                0
Model Class:                            PILP
Total variables:                        20
Nonlinear variables:                    0
Integer variables:                      20
Total constraints:                      9
Nonlinear constraints:                  0

      Total nonzeros:                   52
      Nonlinear nonzeros:               0
      Variable      Value           Reduced Cost
      X11        0.000000            66.80000
      X12        0.000000            75.60000
      X13        0.000000            87.00000
      X14        1.000000            58.60000
      X21        1.000000            57.20000
      X22        0.000000            66.00000
      X23        0.000000            66.40000
      X24        0.000000            53.00000
      X31        0.000000            78.00000
      X32        1.000000            67.80000
      X33        0.000000            84.60000
      X34        0.000000            59.40000
      X41        0.000000            70.00000
      X42        0.000000            74.20000
      X43        1.000000            69.60000
      X44        0.000000            57.20000
      X51        0.000000            67.40000
      X52        0.000000            71.00000
      X53        0.000000            83.80000
      X54        0.000000            62.40000
```

求解得到结果为：$x_{14}=x_{21}=x_{32}=x_{43}=1$，其他变量为 0，成绩为 253.2″。即当选派甲、乙、丙、丁 4 人组成接力队，分别参加自由泳、蝶泳、仰泳、蛙泳的比赛。

第四节　多目标规划数学模型

多目标规划问题是数学规划的一个分支。研究多于一个目标函数在给定区域上的最优化，又称多目标最优化。在很多实际问题中，例如经济、管理、军事、科学和工程设计等领域，衡量一个方案的好坏往往难以用一个指标来判断，而需要用多个目标来进行比较，而这些目标有时不甚协调，甚至是矛盾的。因此，有许多学者都在致力于这方面的研究。1896 年法国经济学家帕雷托最早研究不可比较目标的优化问题，许多数学家对其做了深入的探讨，但尚未有一个完全令人满意的定义。

求解多目标规划的方法大体上有以下几种：一种是化多为少的方法，即把多目标化为比较容易求解的单目标，如主要目标法、线性加权法、理想点法等；另一种叫分层序列法，即把目标按其重要性给出一个序列，每次都在前一目标最优解集内求下一个目标最优解，直到求出共同的最优解。

例：选课策略

某学校规定，运筹学专业的学生毕业时必须至少学习过两门数学课、三门运筹学课程和两门计算机课。如果某个学生既希望选修课的数量少，又希望所获得的学分多，它可以选择哪些课程。

模型设计

用 0-1 变量 $x_i=1$ 表示选修表中按编号顺序的 9 门课程（$x_i=0$ 表示不选，$i=1, 2, \cdots, 9$）。问题的目标之一为选修的课程总数最少，即：

$$\min Z = \sum_{i=1}^{5} x_i$$

约束条件包括两个方面：

1. 每人最少要 2 门数学课程、3 门运筹学课程和 2 门计算机课程。根据表中对每门课程所属类别的划分，这一约束可以表示为：

$$\begin{cases} x_1 + x_2 + x_3 + x_4 + x_5 \geq 2 \\ x_3 + x_5 + x_6 + x_8 + x_9 \geq 3 \\ x_4 + x_6 + x_7 + x_9 \geq 2 \end{cases}$$

2. 某些课程有先修课程的要求。例如"数据结构"的先修课程是"计算机编程"，这意味着如果 $x_4=1$，必须 $x_7=1$，这个条件可以表示为 $x_4 \leq x_7$。"最优化方法"的先修课是"微积分"和"线性代数"的条件可表示为 $x_3 \leq x_1$，$x_3 \leq x_2$。这样，所有课程的先修课程要求可表示为如下的约束：

$$\begin{cases} x_3 \le x_1 \\ x_3 \le x_2 \\ x_4 \le x_7 \\ x_5 \le x_1 \\ x_5 \le x_2 \\ x_6 \le x_7 \\ x_8 \le x_5 \\ x_9 \le x_1 \\ x_9 \le x_2 \end{cases}$$

如果一个学生既希望选修课程数少，又希望所获得的学分数尽可能多，则另有一个目标函数：

$$\max W = 5x_1 + 4x_2 + 4x_3 + 3x_4 + 4x_5 + 3x_6 + 2x_7 + 2x_8 + 3x_9$$

我们把只有一个优化目标的规划问题称为单目标规划，而将多于一个目标的规划问题称为多目标规划。多目标规划的目标函数相当于一个向量：

$$\min (Z, \ -W)$$

上面符号为"向量最小化"的意思，注意其中已经通过对 W 取负号而将最大化变成最小化问题。

要得到多目标规划问题的解，通常需要知道决策者对每个目标的重视程度，称为偏好程度（权重分别为 a，b）。其中加权形式是最简单的一种。

$$\min (a \times Z - b \times W)$$

∘ 例：创意平板折叠桌

某公司生产一种可折叠的桌子，桌面呈圆形，桌腿随着铰链的活动可以平摊成一张平板。桌腿由若干根木条组成，分成两组，每组各用一根钢筋将木条进行连接，钢筋两端分别固定在桌腿各组最外侧的两根木条上，并且木条有空槽以保证滑动的自由度。桌子外形由直纹曲面构成，造型美观。

试建立数学模型来讨论如下问题：折叠桌的设计应做到产品稳固性好、加工方便、用材最少。对于任意给定的折叠桌高度和圆形桌面直径的设计要求，讨论长方形平板材料和折叠桌的最优设计加工参数，如平板尺寸、钢筋位置、开槽长度等。对于桌高 70 cm、桌面直径 80 cm 的情形，确定最优设计加工参数。

问题分析

本问题需要调整桌子的加工参数，使得桌子的稳固性好、加工方便、用材少。在给定桌子高度和桌面直径的情况下，可以调整的参数有：木板长度、木板厚度、桌腿宽度和钢筋位置。

桌子的稳固性可以从被压垮的难度、发生侧翻的难度以及桌腿的强度 3 方面来进行分析。桌子的用料直接由木板的尺寸决定。桌子的加工过程主要是桌腿的开槽过程，因此，可以从开槽的深度、开槽的长度以及开槽的宽度占桌腿厚度的比例来评价桌子加工的难度。因此，要综合分析桌子的性能，只要对上述 7 个指标进行综合评价即可。利用多指标评价的方法，可以获得桌子加工参数的优取值。

模型设计

本问题需要调整桌子的加工参数，使得桌子的稳固性好、加工方便、用材少。这是一个典型的多目标规划数学问题。

稳固性的表现形式有三种：首先，在正常承重的情况下，桌子不能被轻易压垮；其次，在桌面一端受力时，桌子应该不易发生侧翻；最后，桌腿的粗细影响了桌腿的强度，桌腿的强度越大，桌子越牢固。对于用料的多少，在给定桌子直径的情况下，桌子的用料完全由长方形木板长度和厚度决定。而桌子的加工过程主要是对桌腿的开槽过程。因此，槽的长度和深度决定了加工的难度，槽越长，加工难度越大，槽越深，加工难度也越大。同时，桌腿的厚度决定了空槽和桌腿表面之间的距离，这个距离越小，加工难度越大。

综上所示，可以使用下列 7 个指标来综合评价桌子的性能：不易压垮的程度、不易侧翻的程度、桌腿的强度、木板的尺寸、开槽的长度、开槽的深度和桌腿的厚度。

选择用 TOPSIS 方法完成该多目标规划问题。按照分析，提取出 7 个指标，并给出了每个指标所占的权重。认为桌子性能的重要性：稳固性＞用料＞加工难度。故表中各类指标权重大小之和的比例为 7：4：3。由于稳固性越大越好，用料越少越好，加工难度越小越好，为了让 TOPSIS 统一按正理想解进行优化，取稳固性的权重为正值，用料和加工难度的权重为负值。

TOPSIS 的具体算法步骤如下：

数据规范化处理：设多属性决策问题的决策矩阵 $A=(a_{ij})m\times n$，规范化决策矩阵为 $B=(b_{ij})m\times n$。

$$b_{ij}=\frac{a_{ij}}{\sqrt{\sum_{i=1}^{m\times n}a_{ij}^2}}$$

构成加权矩阵：决策人给定各属性的权重 $w=(w_1, w_2, ..., w_n)$，加权矩阵计算如下：

$$x_{ij}=w_j\times b_{ij}$$

确定正负理想解：X^+、X^- 分别表示正理想解与负理想解。x_j^+、x_j^- 分别表示第 j 项指标的最优值与最劣值。

计算第 i 种备选方案到正负理想解的距离：

$$\begin{cases} D_i^+=\sqrt{\sum_{j=1}^{n}(x_j^+-x_{ij})^2} \\ D^-=\sqrt{\sum_{i=1}^{n}(x_j^-+-x_{ij})^2} \end{cases}$$

计算第 i 种备选方案的综合评价指数：

$$f_i^+=\frac{D_i^-}{D_i^-+D_i^-}$$

f_i^+ 的值越大，表示第 i 种备选方案越好。

指标1：考虑桌子被压垮的情况

在桌面完全展开时，存在着内扣的桌腿，这些桌腿与外侧桌腿构成三角形稳定结构，对桌子的稳固性起着重要的作用。首先，在钢筋不存在的情况下，木条受重力 G_1 的作用。同时，由于上端铰链对桌腿有沿桌腿方向向上的拉力 F_L，桌腿有向外运动的趋势，为了使得受力平衡，钢筋对桌腿提供了一个垂直桌腿向内的支持力 T。于是钢筋受垂直桌腿向外的反作用力 T'。

之后，可以进行外侧桌腿的受力情况。首先，外侧桌腿受到自身重力 G_2，桌面通过铰链传递的压力 F，以及地面的支撑力 N。而内扣的桌腿则通过钢筋传递了一部分重力给外侧桌腿，方向斜向下，记为 T。尽管钢筋的密度比木条大，但是由于钢筋的体积远小于中间桌腿的体积，故将钢筋的重力忽略不计，近似认为 T 的方向和内扣桌腿方向垂直。同时，为了使得外侧桌腿受力平衡，地面提供了静摩擦力 f。

外侧桌腿的旋转角越大，能够使得桌子越不容易滑倒。基于上述结果，本文给出评价桌子稳固性的第一个指标：

$$Z_1 = \cos\theta_1 + \sin\theta_2$$

该指标反映了桌子在压力作用下，桌腿被撑开的可能性大小，其值越大，桌子越不容易滑倒。

指标2：考虑桌子侧翻的情况

另一方面，在桌子边缘受力时，就有可能发生侧翻。

经过分析，可以知道桌子本身的结构具有一定的稳固性。故在此情况下，可以认为桌子是一个刚体，对其进行受力分析，则有力矩平衡。于是，桌面边缘所能够承受的最大压力为：

$$F = G_{12}/l_1$$

桌子的重力 G 是固定的，要使桌子不易被掀翻，只要使得 l2/l1 的值尽可能大即可。于是，得到评价桌子稳固性的第二个指标：

$$Z_2 = l2/l1$$

该指标的值越大，表示桌子稳固性越好。

指标3：考虑桌腿的强度

该折叠桌的承重桌腿为外侧的桌腿，该桌腿越粗，则它的承重能力越强。桌腿的粗细可以用其截面面积来表示：

$$S = H \times \Delta W$$

其中，H 表示长方形平板的厚度，ΔW 表示桌腿宽度。

由于当桌腿足够粗时，若再增加桌腿的截面面积，使得其强度超过了使用范围，其意义就不大了。所以认为当桌腿截面的面积较小时，它对强度的贡献增长较快，而当桌腿截面的面积较大时，其对强度的贡献几乎不增长。于是选取桌腿强度的评价指标如下：

$$Z_3 = 1 - (\frac{1}{2})^{H \times \Delta W}$$

该指标的值越大，表示桌子的稳固性越好。

指标4：考虑木板尺寸

显然，用料的多少由长方形木板的尺寸决定。在宽度 W 给定的情况下，木板的尺寸

由长度 L 和厚度 H 共同决定，从而得出用料的评价指标：

$$Z_4 = L \times H$$

该指标的值越大，表示桌子用料越多。

指标 5：考虑开槽长度

对于某一条桌腿，设其长度为 ρ，而需开槽长度为 l。开槽长度越长，加工难度越大。由于桌腿长短不一，使用相对长度来评价某一条桌腿上的相对槽长，可以认为：随着相对长度的增大，加工难度单调递增，相对长度越接近 1，加工难度增长越快；相对长度为 0 时，加工难度为 0；相对长度为 1 时，由于桌腿已被凿穿，故加工难度无穷大。于是，使用如下函数作为评价加工难度的第一个指标：

$$Z_5 = 1n \frac{1}{1 - \dfrac{l}{\rho}}$$

该指标的值越大，表示加工难度越大。

指标 6：考虑开槽深度

桌腿的宽度 ΔW，即桌腿开槽的深度，开槽深度越大，加工难度越大，但如果 ΔW 过小，则所需加工的桌腿数目 $W / \Delta W$ 就会过大，使得加工难度也随之变大。

因此，当开槽深度小于一定数值时，加工难度单调递减；当开槽深度大于某一值时，加工难度单调递增。于是，选取评价加工难度的第二个指标如下：

$$Z_6 = \triangle W + \frac{6.25}{\triangle W}$$

该指标的值越大，表示加工难度越大。

指标 7：考虑桌腿的厚度

在开槽时，若空槽的宽度和桌腿的厚度越接近，则桌腿越容易被凿断，加工难度也就越大。设钢筋的直径为 H_0，桌腿的厚度为 H，则首先需要满足 $H > H_0$，若 H_0/H 的值越接近 1，则表示加工难度增长越快；若 H_0/H 的值越接近 0，则表示加工难度越小。于是，选取如下指标作为评价加工难度的第三个指标：

$$Z_7 = 1n \frac{1}{1 - \dfrac{H_0}{H}}$$

综上所述，可以给出了进行 TOPSIS 多目标规划的数学模型：

$$\begin{cases} f_i^+ = \dfrac{D_i^-}{D_i^- + D_i^+} \\[2mm] D_i^+ = \sqrt{\displaystyle\sum_{j=1}^{7} (Z_j + -Z_{ij})^2} \\[2mm] D_i^- = \sqrt{\displaystyle\sum_{j=1}^{7} (Z_j + -Z_{ij})^2} \end{cases}$$

按题意取桌面直径 $W=80$，桌高 $h=70$ 的情况，取参数木板长度 L、木板厚度 H、

桌腿宽度 ΔW、钢筋位置 K。各优化参数的取值范围为：$(L, H, \Delta W, K) \in [160, 180] \times [1, 5] \times [2, 8] \times [0.4, 0.6]$。其中，$K$ 表示外侧桌腿上钢筋到铰链的距离是桌腿长度的 K 倍。同时，认为钢筋的直径 $H_0=1$，即木板的厚度 H 最小值为 1。

第五节　目标规划数学模型以及贯序式算法

传统的线性规划与非线性规划模型有如下局限性：

● 传统的规划模型要求所求解的问题必须满足全部的约束条件，而实际问题中并非所有约束条件都需要严格的满足；

● 传统的规划模型只能处理单目标的优化问题，而对一些次目标只能转化为约束处理。而在实际问题中，目标和约束是可以相互转化的，处理时不一定要严格区分；

● 传统的规划模型寻求最优解，而许多实际问题只需要找到满意解就可以了；

● 传统的规划模型处理问题时，将各个约束（也可看作目标）的地位看成同等重要，而在实际问题中，各个目标的重要性既有层次上的差别，也有在同一层次上不同权重的差别。

为了克服传统的规划模型的局限性，目标规划采用如下手段：

设置偏差变量：用偏差变量（deviational variables）来表示实际值与目标值之间的差异，令 d^+ 为超出目标的差值，称为正偏差变量；d^- 为未达到目标的差值，其中 d^+ 与 d^- 至少有一个为 0。当实际值超过目标值时，有 $d^-=0$，$d^+>0$；当实际值未达到目标值时，有 $d^+=0$，$d^->0$；当实际值与目标值一致时，有 $d^+=d^-=0$。

在目标规划中，约束条件可以分为两类。一类是对资源有严格限制的约束条件，用严格的等式或不等式约束来处理，构成刚性约束；另一类是可以不严格限制的，连同原规划模型的目标，构成柔性约束。可以分析得到，如果希望不等式保持大于等于，则极小化负偏差；如果希望不等式保持小于等于，则极小化正偏差；如果希望等式保持等式，则同时极小化正、负偏差。

目标的优先级与权系数：在目标规划模型中，目标的优先级分成两个层次。第一个层次是目标分成不同的优先级，在计算目标规划时，必须先优化高优先级的目标，然后再优化低优先级的目标。通常以 P_1，P_2，…表示不同的因子，并规定 $P_k \gg P_{k+1}$；第二个层次是目标处于同一优先级，但两个目标的权重不一样。因此，两目标同时优化，但用权重系数的大小来表示目标重要性的差别。

目标规划的一般模型如下：

设 x_j 是目标规划的决策变量，共有 m 个约束条件是刚性约束，可能是等式约束，也可能是不等式约束。设有 1 个柔性目标约束条件，其目标规划约束的偏差为 d^+，d^-。设有 q 个优先级别，分别为 P_1，P_2，…，P_q。在同一个优先级 P_k 中，有不同的权重，分别记为 ω_{kj}^+，ω_{kj}^-（$j=1, 2, …, 1$）。因此目标规划一般数学表达式

$$\min z = \sum_{k=1}^{q} P_k \sum_{j=1}^{l} (\omega_{kj}{}^+ d_j{}^+ + \omega_{kj}{}^- d_j{}^-)$$

$$
\begin{cases}
\displaystyle\sum_{j=1}^{n} a_{ij} x_j \leq (=, \geq) b_i & i = 1, 2, \ldots, m \\[2ex]
\displaystyle\sum_{j=1}^{n} c_{ij} x_j + d_i{}^+ + d_i{}^- = g_i & i = 1, 2, \ldots, l \\[2ex]
x_i \geq 0 & j = 1, 2, \ldots, n \\[1ex]
d_i{}^+ \geq 0, d_i{}^- \geq 0 & i = 1, 2, \ldots, l
\end{cases}
$$

第六节　动态规划数学模型

动态规划是解决多阶段决策过程首先考虑的一种方法。1951 年美国数学家贝尔曼等人根据一类多阶段决策问题的特性提出了解决这类问题的"最优化原理"，并研究了许多实际问题，从而创造了最优化问题的一种新方法——动态规划。

多阶段决策问题是指这样一类活动的过程：由于它的特殊性，可将它划分成若干个相互联系的过程，在它的每个过程都需要做出决策，并且一个阶段的决策确定以后，常影响下一个阶段的决策，从而影响整个决策的结果。多阶段决策问题就是要在允许的决策范围内，选择一个最优决策，使整个系统在预定的标准下达到最佳的活动效果。

我们研究某一个过程，这个过程可以分解为若干个互相联系的阶段。每一阶段都有其初始状态和结束状态，其结束状态即为下一阶段的初始状态。第一阶段的初始状态就是整个过程的初始状态，最后一阶段的结束状态就是整个过程的结束状态。在过程的每个阶段都需要做出决策，而每个阶段的结束状态依赖其初始状态和该阶段的决策。动态规划问题就是要找出某种决策方法，使过程达到某种最优效果。

阶段：用动态规划求解多阶段决策问题时，要根据具体的情况，将系统适当地分成若干个阶段，以便分阶段求解，描述阶段的变量称为阶段变量。

状态：状态表示系统在某一阶段所处的位置或状态。

决策：某一阶段的状态确定以后，从该状态演变到下一阶段某一状态所做的选择或决定称为决策。描述决策的变量称为决策变量，用 $u_k(x_k)$ 表示在第 k 阶段的状态 x_k 时的决策变量，决策变量限制的范围称为允许决策集合，用 $D_k(x_k)$ 表示第 k 阶段从 x_k 出发的允许决策集合。

策略：由每个阶段的决策 $u_k(x_k)$，（k=1，2，…，n）组成的决策函数序列称为全过程策略或简称策略，用 P 表示，即：

$$P(x_1) = \{u_1(x_1), u_2(x_2), \cdots, u_n(x_n)\}$$

由系统的第 k 阶段开始到终点的决策过程称为全过程的后部子过程，相应的策略称为后部子过程策略，用 $P_k(x_k)$ 表示 k 子过程策略，即：

$$P_k(x_k) = \{u_k(x_k), u_k+1(x_k+1), \cdots, u_n(x_n)\}$$

对于每个实际的多阶段决策过程，可供选取的策略有一定的范围限制，这个范围称为允许策略集合，允许策略集合中达到最优效果的策略称最优策略。

状态转移：某一阶段的状态及决策变量决定后，下一阶段的状态就随之而定。设第 k 阶段的状态变量为 x_k，决策变量为 $u_k(x_k)$，第 k+1 阶段的状态为 x_k+1，用 x_k+1=$T_k(x_k$,

u_k）表示从第 k 阶段到第 $k+1$ 阶段的状态转移规律，称之为状态转移方程。

阶段效益：系统某阶段的状态一经确定，执行某决策所得的效益称为阶段效益，它是整个系统效益的一部分。它是阶段状态 x_k 和阶段决策 $u_k(x_k)$ 的函数，记为 $d_k(x_k, u_k)$。

指标函数：是系统执行某一策略所产生效益的数量表示，根据不同的实际情况，效益可以是利润、距离、时间、产量及资源的耗量等。指标函数可以定义在全过程上，也可以定义在后部子过程上，指标函数往往是各阶段效益的某种和式，取最优策略时的指标函数称为最优策略指标。

综上所述，根据动态规划原理得到动态规划的一般模型为：

$$\begin{cases} f_k(x_k) = \min\{d_k(x_k, u_k) + f_{k+1}(x_{k+1})\} \\ f_{N+1}(x_{N+1}) = 0, k = N, N-1, \ldots, 1 \end{cases}$$

其中，$f_k(x_k)$ 为从状态 x_k 出发到达终点的最优效益，N 表示可将系统分成 N 个阶段。根据问题的性质，上式中的 min 有时是 max。

第十一章 图与网络数学模型

图论起源于 18 世纪，1736 年瑞士数学家欧拉发表了第一篇图论文章《哥尼斯堡的七座桥》。近几十年来，由于计算机技术和科学的飞速发展，大大地促进了图论研究和应用，图论的理论和方法已经渗透到物理学、化学、通讯科学、建筑学、生物遗传学、心理学、经济学、社会学等学科。

图论中所谓的"图"是指某类具体事物和这些事物之间的联系。如果我们用点表示这些具体事物，用连接两点的线段表示两个事物的特定联系，就得到了描述这个"图"的几何形象。图与网络是运筹学中的一个经典和重要的分支，所研究的问题涉及经济管理、工业工程、交通运输、计算机科学与信息技术、通信与网络技术等诸多领域。下面将要讨论的最短路径问题、旅行商问题、网络流问题等都是图与网络的基本问题。

图论问题有一个特点：它们都易于用图形的形式直观地描述和表达，数学上把这种与图相关的结构称为网络。与图和网络相关的最优化问题就是网络最优化或者称为网络优化问题。由于多数网络优化问题是以网络上的流为研究对象，故网络优化又常常被称为网络流或网络流规划等。

第一节 最短路径数学模型

最短路径问题是图论研究中的一个经典算法问题，旨在寻找图（由结点和路径组成）中两结点之间的最短路径。用于解决最短路径问题的算法被称为"最短路径算法"，有时被简称为"路径算法"。最常用的路径算法有：Dijkstra 算法、SPFA 算法 \Bellman-Ford 算法、Floyd 算法 \Floyd-Warshall 算法、Johnson 算法、A* 算法。

对于图形 $G(V, E)$，如果 $(v_i, v_j) \in E$，则称点 v_i 与点 v_j 邻接。具有 n 个顶点的图的邻接矩阵是一个 $n \times n$ 的矩阵 $A=(a_{ij})_{n \times n}$，其元素计算方式如下：

$$a_{ij} = \begin{cases} 1, (v_i, v_j) \in E \\ 0, \text{otherwise} \end{cases}$$

n 个顶点组成的赋权图具有一个 $n \times n$ 的赋权矩阵 $W=(w_{ij})_{n \times n}$，其元素计算方式如下：

$$w_{ij} = \begin{cases} d_{ij}, (v_i, v_j) \in E \\ \infty, \text{otherwise} \end{cases}$$

现在，提出从标号为 1 的顶点出发到标号为 n 的顶点终结的最短路径。引入 0-1 变量 x_{ij}，如果 $x_{ij}=1$ 说明弧 (v_i, v_j) 是组成最短路径的一部分。最短路径的数学模型如下：

$$\min \sum_{i=1}^{n} \sum_{j=1}^{n} w_{ij} x_{ij}$$

$$\sum_{j=1}^{n} x_{ij} - \sum_{j=1}^{n} x_{ji} = \begin{cases} 1, & i = 1 \\ -1, & i = n \\ 0, & \text{otherwise} \end{cases}$$

例：交巡警服务平台的设置与调度

为了更有效地贯彻实施交警的职能，需要在市区的一些交通要道和重要部位设置交巡警服务平台。试就某市设置交巡警服务平台的相关情况，建立数学模型分析研究下面的问题：

图 11-1 给出了该市中心城区 A 的交通网络和现有的 20 个交巡警服务平台的设置情况示意图。请为各交巡警服务平台分配管辖范围，使其在所管辖的范围内出现突发事件时，尽量能在 3 分钟内有交巡警（警车的速度为 60km/h）到达事发地。

对于重大突发事件，需要调度全区 20 个交巡警服务平台的警力资源，对进出该区的13 条交通要道实现快速全封锁。实际上一个平台的警力最多封锁一个路口，请给出该区交巡警服务平台警力合理的调度方案。

根据现有交巡警服务平台的工作量不均衡和部分地区出警时间过长的实际情况，拟在该区内再增加 2 ~ 5 个平台，请确定需要增加平台的具体个数和位置。

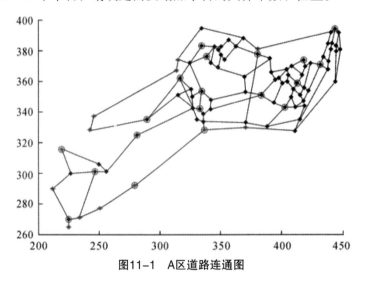

图11-1　A区道路连通图

问题分析

第一问中要求我们为交巡警服务平台分配管辖范围。首先运用最短路径算法，求出各路口节点 j 到各交巡警服务平台的设置点 i 的最短路径 d_{ij}。为了尽量能在 3 分钟内有交巡警到达事发地的路口。由比例尺换算可知：当 $d_{ij} \leq 3km$ 时，可以认为路口节点 j 在交巡警服务平台的设置点 i 的管辖范围下。针对那些与距离自身最近的平台最短路径超出 3km 的路口节点，可以分配到与它们距离最近的交巡警服务平台。在上述分配情况下，考虑管辖范围的重叠性以及交巡警服务平台工作量的均衡问题。引入 0-1 规划思想，用各个交巡警服务平台管辖范围内的总发案率的最大值最小化来尽量满足工作量均衡这一目标；从而对管辖范围进行改进。

第二问中要求给出该区交巡警服务平台警力合理封锁的调度方案。模型的目标是让13个出入城区的路口在最短时间内全部达到封锁，即让13条路径中最长的那一条路径达到最短。运用0-1规划模型，通过LINGO软件进行求解，得到所有出入城区的路口全部达到封锁的最短时间。

第三问中要求确定需要增加平台的具体个数和位置。可以引入多目标规划模型，把交巡警服务平台的工作量均衡和出警时间最短作为目标函数，用（20+n）个交巡警服务平台管辖范围内总发案率的方差来衡量工作量均衡问题，用所有的出警时间中最大值来衡量出警时间。对模型进行简化，采取固定出警时间最大值的一个上界 T，使得总体交巡警服务平台的工作量达到最均衡。

第一问模型设计

由于突发事件基本上都发生在路口，故在讨论交巡警服务平台的管辖范围时，都是以各个路口节点作为考察对象进行研究。

为了使各交巡警尽量能在3分钟内到达事发地，必须计算出各路口节点 j 到各交巡警服务平台的设置点 i 的最短路径 d_{ij}，由于警车的速度为60km/h，所以需要统计所有的 $d_{ij} \leq 3\text{km}$ 时所对应的路口节点 j 和交巡警服务平台的设置点 i。

这是一个经典的最短路径问题，调用传统的最短路径模型，可得：

$$\min \sum_{i=1}^{n} \sum_{j=1}^{n} w_{ij} x_{ij}$$

$$\sum_{j=1}^{n} x_{ij} - \sum_{j=1}^{n} x_{ij} = \begin{cases} 1, & i = 1 \\ -1, & i = n \\ 0, & \text{otherwise} \end{cases}$$

求解如上模型，可以得到：除去这些在管辖范围内的路口节点外，有6个路口节点到离它最近的交巡警服务平台设置点的最短路径大于3km即在所有管辖范围之外，分别是：28，29，38，39，61，92。针对这6个路口节点，可以将它们分配到路径最短的交巡警服务平台的管辖范围内，分别是交巡警服务平台15，15，16，2，7，20。部分交巡警服务平台的大致管辖范围如图11-2所示（其中星号☆代表最短路径大于3km的路口节点，三角形△代表交巡警服务平台，圆圈〇代表大致的管辖范围）。

根据图11-2，可以发现交巡警服务平台的管辖范围存在大量交叉重叠情况。考虑现实情况：一个路口节点由一个交巡警服务平台进行管辖，必须对管辖范围内的重叠路口进行优化分配。如果考虑将重叠路口分配给最近的交巡警平台时，会使得部分平台的工作量偏大（见图11-3）。

优化分配的原则是使交巡警服务平台工作量尽量均衡。记 x_j 为第 j 个路口节点的发案率，引入两个0-1变量 a_{ij} 与 t_{ij}。$A = (a_{ij})_{20 \times 92}$ 表示决策变量矩阵，存储分配方案；$T = (t_{ij})_{20 \times 92}$ 表示允许分配方案矩阵。其含义如下所示：

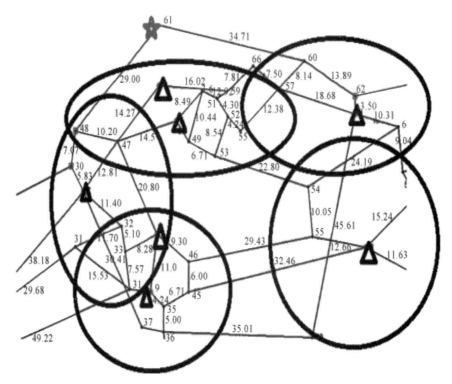

图11-2 部分巡警服务平台的大致管辖范围

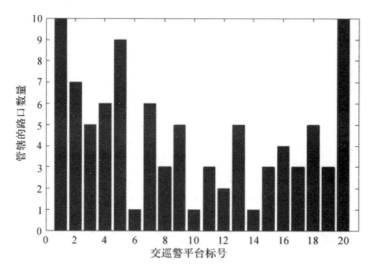

图11-3 最短路径覆盖方案下，交巡警平台处理的工作量统计图

由于有6个路口节点到离它最近的交巡警服务平台设置点的最短路径大于3km，故将它们分配到路径最短的交巡警服务平台的管辖范围内。其中，$t_{15,28}=1$，$t_{15,29}=1$，$t_{16,38}=1$，$t_{2,39}=1$，$t_{7,61}=1$，$t_{20,92}=1$。由于实际情况下一个路口节点由一个交巡警服务平台进行管辖，故 a_{ij} 必须满足约束条件：

$$\sum_{i=1}^{20} a_{ij} t_{ij} = 1, j = 1, 2, \ldots, 92$$

交巡警服务平台设置点 i 的管辖范围内的总发案率可以表示为：

$$A_i = \sum_{j=1}^{92} x_j a_{ij} t_{ij}, i = 1, 2, \ldots, 20$$

用各个交巡警服务平台管辖范围内的总发案率的最大值最小化，来尽量满足工作量均衡这一目标。综上，这个优化模型如下：

$$\min \max \left\{ \sum_{j=1}^{92} x_j a_{ij} t_{ij} \right\}$$

$$\begin{cases} \sum_{i=1}^{20} ai_j t_{ij} = 1 \\ a_{ij} \in \{0,1\} \end{cases}$$

根据上述最大发案率最小化模型，通过 LINGO 进行求解，可以得到各个交巡警能服务平台的管辖范围。

经过工作量均衡优化后，各交巡警平台的工作量如图 11-4 所示。

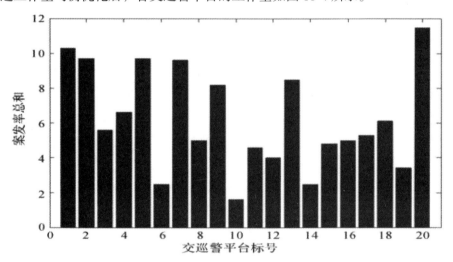

图11-4 工作量均衡覆盖方案下，交巡警平台处理的工作量统计图

程序设计

```
sets:
pt/1..20/:a;
lk/1..92/:b;
fa(pt,lk):x,y;
endsets
data:
b = ;y = ;
enddata
min = @max(pt(i):@sum(lk(j):y(i,j) * b(j) * x(i,j)));
@for(fa(i,j):@bin(x(i,j)));
@for(lk(j):@sum(pt(i):x(i,j) * y(i,j)) = 1);
```

第二问模型设计

出入城区的路口节点 j 到交巡警服务平台的设置点 i 的最短路径为 d_{ij}，引入 0-1 变量 p_{ij} 用于表述封锁方案，其元素如下：

$$p_{ij} = \begin{cases} 1, & i \rightarrow j \\ 0, & i \rightarrow j \end{cases}$$

根据实际一个平台的警力最多封锁一个路口，p_{ij} 应该满足两个约束条件：

● 每个交巡警服务平台的警力至多封锁一个路口，即

$$\sum_{j-1}^{13} p_{ij} \leq 1$$

● 每个出入城区的路口节点必须有一个交巡警服务平台警力进行封锁，即

$$\sum_{j-1}^{20} p_{ij} = 1$$

综上，0-1 整数规划模型如下所示：

$$\min \max \left\{ \sum_{j-1}^{13} d_{ij} p_{ij} \right\}$$

$$\begin{cases} \sum_{i=1}^{20} p_{ij} = 1 \\ \sum_{j-1}^{13} p_{ij} \leq 1 \\ p_{ij} \in \{0,1\} \end{cases}$$

通过 LINGO 求解由上模型，得到警力调度方案可以保证发生重大突发事件后 8.01546 分钟，13 个出入城区的路口节点每个都有 1 个交巡警服务平台的警力进行封锁。

第三问模型设计

增加交巡警服务平台的个数，一方面可以减轻个别平台的工作量，另一方面可以减少某些路口节点的出警时间。

记 n 为增加交巡警服务平台的个数，x_j 为第 j 个路口节点的发案率，为（20+n）个交巡警服务平台管辖范围内总发案率的均值。引入两个 0-1 变量 c_i 和 b_{ij}，其含义如下所示：

$$c_j = \begin{cases} 1, & \text{set} \quad PS \\ 0, & \text{otherwise} \end{cases} \qquad b_{ij} = \begin{cases} 1, & i \to j \\ 0, & i \to j \end{cases}$$

由于针对每个路口节点，都必须有一个交巡警服务平台进行管辖，即必须满足约束条件：

$$\sum_{i=1}^{92} c_i b_{ij} = 1$$

把交巡警服务平台的工作量均衡和出警时间最短作为目标函数。用交巡警服务平台管辖范围内总发案率的方差来衡量工作量均衡问题，用所有出警时间中的最大值来衡量出警时间（由于警车的时速一定，所以建立目标函数时用最长路径代替）；建立多目标函数如下所示：

$$\min \text{std} \left\{ \sum_{j=1}^{92} x_j b_{ij} c_i \right\}$$

$$\min \max \left\{ \sum_{j=1}^{92} d_{ij} b_{ij} c_i \right\}$$

$$\begin{cases} \sum_{i=1}^{92} b_{ij} c_i = 1 \\ \sum_{i=1}^{92} c_i = 20 + n \\ c_i \in \{0,1\}, b_{ij} \{0,1\} \end{cases}$$

将上述多目标规划模型进行简化，采取固定出警时间最大值作为上界，使得总体交巡警服务平台的工作量达到最均衡。针对不同的 n 值，通过 C++ 进行编程。

第二节 "旅行商"数学模型

"旅行商"问题（Traveling Salesman Problem，TSP）又译为"旅行推销员"问题、"货郎担"问题，简称为 TSP 问题，是最基本的路线问题。该问题是在寻求单一旅行者由起点出发，通过所有给定的需求点之后，最后再回到原点的最小路径成本。最早的旅行商问题的数学规划是由 Dantzig（1959）等人提出。

"旅行商"问题是指一名推销员要拜访多个地点时，如何找到在拜访每个地点一次后再回到起点的最短路径。规则虽然简单，但在地点数目增多后求解却极为复杂。以 42 个地点为例，如果要列举所有路径后再确定最佳行程，那么总路径数量之大，几乎难以计算出来。多年来，全球数学家绞尽脑汁试图找到一个高效的算法。旅行商问题在物流中的描述是对应一个物流配送公司，欲将 n 个客户的订货沿最短路线全部送到。

旅行商问题最简单的求解方法是枚举法。它的解是多维的、多局部极值的、趋于无穷大的复杂解空间，搜索空间是 n 个点的所有排列集合，大小为（n-1）！。可以形象地把解空间看成是一个无穷大的丘陵地带，各山峰或山谷的高度即是问题的极值。求解 TSP 是在此不能穷尽的丘陵地带中攀登以达到山顶或谷底的过程。

对于图形 $G（V，E）$，n 个顶点的赋权图具有一个 $n \times n$ 的赋权矩阵 $W=（w_{ij}）n \times n$，其分量计算方式如下：

$$w_{ij} = \begin{cases} d_{ij}, & (v_i, v_j) \in E \\ \infty, & \text{otherwise} \end{cases}$$

引入 0-1 变量 x_{ij}，如果 $x_{ij}=1$ 说明弧（v_i，v_j）是组成最佳路径的一部分。TSP 的数学模型如下：

$$\min \sum_{i=1}^{n} \sum_{j=1}^{n} w_{ij} x_{ij}$$

$$\begin{cases} \sum_{j=1}^{n} x_{ij} = 1 \\ \sum_{j=1}^{n} x_{ji} = 1 \\ \\ \sum_{(i,j) \in s} x_{ij} \le |s| - 1, 2 \le |s| \le n-1 \end{cases}$$

例：碎纸片的拼接复原

破碎文件的拼接在司法物证复原、历史文献修复以及军事情报获取等领域都有着重要的作用。传统上，拼接复原工作需由人工完成，准确率较高，但效率很低。特别是当碎片数量巨大，人工拼接很难在短时间内完成任务。随着计算机技术的发展，人们试图开发碎纸片的自动拼接技术，以提高拼接复原效率。请讨论以下问题：

对于给定的来自同一页印刷文字文件的碎纸机破碎纸片（仅纵切），建立碎纸片拼接复原模型和算法。如果复原过程需要人工干预，请写出干预方式及干预的时间节点。复原结果以图片形式及表格形式表达。

模型设计

本题要求建立碎纸片拼接复原模型和算法将碎纸片进行恢复。由于碎片是仅纵切面碎片，故传统基于碎片的几何特征对碎片进行拼接并不适用。所以，利用每张碎纸片边缘像素点灰度值不同这一特征，对碎纸片进行拼接。

利用 MATLAB 软件的 imread 命令将题目中给出的图像数字化为一系列与灰度值有关的矩阵 $M_i=(m^i_{xy})$，进一步得到第 i 张图片最左（右）列像素点灰度值矩阵 $L_i=(l^i_x)$、$R_i=(r^i_x)$；然后对各个灰度值进行分析，并确定碎纸片的正确排列。

采用如下思想确定第一张碎纸片：一般印刷文字的文件左右两端都会留下一部分空白留作批注等用。根据题意，得知碎纸片来自于印刷文字文件，因此，可以推断出第一张碎纸片的最左边是空白的。综上所述，最左边是空白的碎纸片极有可能是第一张碎纸片。

因此，要确定第一张碎纸片必须先找到最左列是空白的纸片，即 L_i 中各个元素皆为 255 的纸片。若将图像中的灰度值做如下处理，即：

$$p_i = \sum_{x=1}^{1980} (l^i{}_x - 255)$$

当 p_i=0 时，这时 i 所代表的图像即为原图像的第 1 张碎纸片。当然，在实际处理时文件可能会遭到污染等特殊情况。故取 p_i 最小时，第 i 所代表的图像即为原图像的第 1 张碎纸片。

关于后续碎纸片拼接顺序的确定：此题中的碎纸片是由一整张图片通过纵切得到的，且无论是汉字还是英文，它们都应具有完整性。若将这一特征表现在灰度值上，得到一张碎纸片的最左列灰度值与另一张碎纸片的灰度值具有很高的匹配度，可以认为它们在原图像中是相连的。因此，可以利用每张碎片边缘的灰度值特征对碎片进行拼接。

在已经找出第一张碎纸片的基础上，只需将第一张碎纸片的最右列像素点的灰度值 R_i 与所余碎纸片的最左列像素点的灰度值 L_i 进行匹配。在这里，对每个像素点的灰度值做如下处理，即：

$$q_i = \sum_{x=1}^{1980} (r^i{}_x - l^i{}_x)$$

以原图的第二张碎纸片为例。为确定第二张碎纸片，需要将得到的第一张碎纸片的 r_{lj} 和剩下碎纸片的 l_{ij} 逐一代入公式。其中，使得 q_i 取得最小值的图像即为原图像的第二张碎纸片。

但是，依次匹配偏差绝对值最小碎片会造成较大偏差（即所谓局部最佳与全局最佳之间的差别）。因此，类比 TSP 模型对问题进行转化。将 19 块碎片类比为旅行商的 19 个站点，碎片之间的偏差绝对值即为有向距离值。从全白的左端碎片开始拼接到第 19 块碎片，再拼接一块全白的右端碎片，寻找使拼接结果的总绝对偏差值最小的拼接方法。

引入两两之间的距离矩阵 $D=(d_{ij})_{19 \times 19}$ 和 0-1 决策变量矩阵 $E=(e_{ij})_{19 \times 19}$。以 d_{ij} 表达第 i 张图片位于第 j 图片左侧时，两者之间的距离，计算方式如下：

$$d_{ij} = \sum_{x-1}^{1980} (r^i{}_x = l^i{}_x)$$

易知，$d_{ij} \neq d_{ji}$。

据此，建立误差最小全局优化 TSP 模型：

$$\min \sum_{i=1}^{19} \sum_{j=1}^{19} e_{ij} d_{ij}$$

$$\begin{cases} \sum_{j=1}^{19} e_{ij} = 1 \\ \sum_{j=1}^{19} e_{ji} = 1 \\ \\ \sum_{(i,j) \in s} e_{ij} \leq |s| - 1, 2 \leq |s| \leq n-1 \end{cases}$$

程序设计

```
A = double(a);
for i = 1 : 1980
for j = 1 : 38
if A(i,j)< = 127
A(i,j) = 0;
else
A(i,j) = 1;
end
end
end
for i = 1 : 19
for j = 1 : 19
            D(i,j) = sum(abs(A(:,2 * i - 1) - A(:,2 * j)));
end
end
```

以下是计算 TSP 路径的程序：

```
MODEL:

sets:

cities/1..19/:level;

link(cities, cities): distance, x;

endsets

data:

distance = ;

enddata
n = @size(cities);
min = @sum(link(i,j)|i #ne# j: distance(i,j) * x(i,j));
@for(cities(i) :@sum(cities(j)| j #ne# i: x(j,i)) = 1;
            @sum(cities(j)| j #ne# i: x(i,j)) = 1;
                @for(cities(j)| j #gt# 1 #and# j #ne# i :level(j) > =
                level(i) + x(i,j) - (n - 2) * (1 - x(i,j)) + (n - 3) * x(j,
                i););););
@for(link : @bin(x));
@for(cities(i) | i #gt# 1 : level(i)< = n - 1 - (n - 2) * x(1,i);level(i)> = 1 + (n
- 2) * x(i,1);););
END
```

第三节 网络流模型

在以 V 为节点集、A 为弧集的有向图 $G=(V, A)$ 上定义如下的权函数，$L: A \rightarrow R$ 为弧上的权函数，弧 $(i, j) \in A$ 对应的权 $L(i, j)$ 记为 lij，称为弧 (i, j) 的容量下界；$U: A \rightarrow R$ 为弧上的权函数，弧 $(i, j) \in A$ 对应的权 $U(i, j)$ 记为 uij，称为弧 (i, j) 的容量上界，或直接称为容量；$D: A \rightarrow R$ 为顶点上的权函数，顶点 $i \in V$ 对应的权 $D(i)$ 记为 d_i，称为顶点 i 的供需量；此时所构成的网络称为流网络，可以记为 $N=(V, A, L, U, D)$。

由于只讨论 V、A 为有限集合的情况，所以对于弧上的权函数 L、U 和顶点上的权函数 D，可以直接用所有弧上对应的权组成的有限维向量表示。因此，L, U, D 有时直接称为权向量。由于给定有向图 $G=(V, A)$ 后，总是可以在它的弧集合和顶点集合上定义各种权函数，所以网络流一般也直接简称为网络。

在网络中，弧 (i, j) 的容量下界 l_{ij} 和容量上界 u_{ij} 表示的物理意义分别是：通过该弧发送某种"物质"时，必须发送的最小数量为 l_{ij}，而允许发送的最大数量为 u_{ij}。顶点 $i \in V$ 对应的供需量 d_i 则表示该顶点从网络外部获得的"物质"数量，或从该顶点发送到网络外部的"物质"数量。

对于网络 $N=(V, A, L, U, D)$，其上的一个流 f 是指从 N 的弧集 A 到 R 的一个函数，即对每条弧 (i, j) 赋予一个实数 f_{ij}（称为弧 (i, j) 的流量）。如果流 f 满足：

$$\begin{cases} \sum_{j_1(i,j)\in A} f_{ij} - \sum_{j_1(j,i)\in A} f_{ji} = d_i \\ l_{ij} \le f_{ij} \le u_{ij} \end{cases}$$

则称 f 为可行流。至少存在一个可行流的流网络称为可行网络。

当 $d_i > 0$ 时，表示有 d_i 个单位的流量从该项点流出。因此，顶点 i 称为供应点或源，有时也形象地称为起始点或发点等；当 $d_i < 0$ 时，表示有 $|d_i|$ 个单位的流量流入该点（或说被该顶点吸收）。因此，顶点 i 称为需求点或汇，有时也形象地称为终止点或收点等；当 $d_i=0$ 时，顶点 i 称为转运点或平衡点、中间点等。

一般来说，总是可以把 $L \ne 0$ 的网络转化为 $L=0$ 的网络进行研究。所以，除非特别说明，以后总是假设 $L=0$，并将此时的网络简记为 $N=(V, A, L, U, D)$。

在流网络 $N=(V, A, L, U, D)$ 中，对于流 f，如果 $f_{ij}=0$（$(i, j) \in A$），则称 f 为零流，否则为非零流。如果某条弧 (i, j) 上的流量等于其容量（$f_{ij}=u_{ij}$），则称该弧为饱和弧；如果某条弧 (i, j) 上的流量小于其容量（$f_{ij} < u_{ij}$），则称该弧为非饱和弧；如果某条弧 (i, j) 上的流量为 0（$f_{ij}=0$），则称该弧为空弧。

考虑如下流网络 $N=(V, A, L, U, D)$：节点 s 为网络中唯一的源点，t 为唯一的汇点，而其他节点为转运点。如果网络中存在可行流 f，此时称流 f 的流量为 d_s，通常记为 $v(f)$，即

$$v(f) = d_s = -d_t$$

对这种单源单汇的网络，如果并不给定 d_s 和 d_t，网络一般记为 $N=(V, A, L, U, D)$。最大流问题就是在 $N=(V, A, L, U, D)$ 中找到流值最大的可行流。可以看到，最大流问题的许多算法也可以用来求解流量给定的网络中的可行流。也就是说，解决最大流问题以后，对于在流量给定的网络中寻找可行流的问题，也就可以解决了。

因此，用线性规划的方法，最大流问题可以近似地描述如下：

$$\max v(f)$$

$$\text{s.t.} \begin{cases} \sum\limits_{j_1(i,j)\in A} f_{ij} - \sum\limits_{j_1(j,i)\in A} f_{ji} = \begin{cases} v(f), & i=s \\ -v(f), & i=t \\ 0, & \text{otherwise} \end{cases} \\ 0 \le f_{ij} \le u_{ij} \end{cases}$$

最大流问题是一个特殊的线性规划问题。将会看到利用图的特点，解决这个问题的方法较之线性规划的一般方法要方便、直观得多。

第十二章 评价管理数学模型

现实世界中充斥着大量对于已有体系进行评价分析的问题，如各种形式的排序问题、高校学生奖学金评定问题等。通过对现有系统的评价，可以帮助管理者了解被评价对象目前所处状态，以及设计有效的方案改进被评价对象的不足之处。在评价管理数学模型领域有着许多经典且巧妙的数学方法，如层次分析法、灰色关联法、理想点法、模糊评价法、主成分分析法、熵权法、雷达图法等等。

第一节 层次分析数学模型

层次分析法（Analytic Hierarchy Process，AHP）是由美国运筹学家、匹兹堡大学教授T.L.Saaty 于 20 世纪 70 年代创立的一种系统分析与决策的综合评价方法。该方法在充分研究人类思维过程的基础上，较合理地解决了定性问题定量化的处理过程。AHP 的主要特点是通过建立递阶层次结构，把人类的判断转化到若干因素两两之间重要度的比较上，从而把难以量化的定性判断转化为可操作的重要度比较上面。在许多情况下，决策者可以直接使用 AHP 进行决策，极大地提高了决策的有效性、可靠性和可行性。但其本质是一种思维方式，它把复杂问题分解成若干个组成因素，又将这些因素按支配关系分别形成递阶层次结构，通过两两比较的方法确定决策方案相对重要度的总排序。整个过程体现了人类决策思维的基本特征，即分解、判断、综合，克服了其他方法回避决策者主观判断的缺点。

运用层次分析法进行决策，大体上可分为四个步骤：

1. 分析系统中各因素之间的关系，建立系统的递阶层次结构。

2. 对于同一层次的各元素关于上一层次中某一准则的重要性进行两两比较，构造两两比较矩阵。

3. 由判断矩阵计算被比较元素对于该准则的相对权重，并进行一致性检验。

4. 计算各层元素对系统目标的合成权重，计算被评价对象的总分并进行排序。

由于涉及的因素繁多，复杂问题的决策通常比较困难。应用 AHP 的第一步就是将问题涉及的因素条理化、层次化，构造出一个有层次的结构模型。在这个模型下，复杂问题的组成因素被分成若干组成部分，称之为元素。这些元素又按其属性及关系形成若干层次，上一层次的元素对下一层次的有关元素起支配作用，这些层次可以分为三类。

最高层：又称目标层。这一层次的元素只有一个。一般它是分析问题的预定目标或理想结果。

中间层：又称准则层。这一层次包括了为实现目标所涉及的中间环节，它可以由若干层次组成，包括所需考虑的准则和子准则。

最低层：又称方案层。这一层次包括了为实现目标可供选择的各种措施，决策方案等。

AHP 的层次结构如图 12-1 所示。

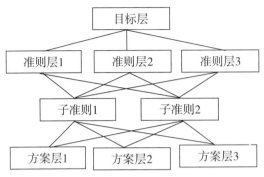

图12-1　层次分析法层次结构

在层次结构中，层次数与问题的复杂程度及需分析的详尽程度有关。一般的层次数不受限制，每一层次中各元素所支配的下一层次元素数不超过 9 个。因为支配元素过多会给两两比较判断带来困难。如果支配元素超过 9 个，可以考虑合并一些因素或增加层次数。层次结构应具有以下特点：

1. 从上到下地顺序存在支配关系，并用直线段表示。除目标层外，每个元素至少受上一层一个元素支配。除最后一层外，每个元素至少支配下一层次一个元素，上下层元素的联系比同一层次强，以避免同一层次中不相邻元素存在支配关系。

2. 整个结构中，层次数不受限制；最高层只有一个元素，每一个元素所支配的元素一般不超过 9 个，元素过多时可进一步分组。

层次分析法的特点之一是定性分析与定量计算相结合，定性问题定量化。应用 AHP 的第二步就是要在已有层次结构基础上构造两两比较的判断矩阵。在这一步中，决策者要反复回答问题：针对准则 C 所支配的两个元素 u_i 与 u_j 哪个更重要，并按 1 ~ 9 标度对重要程度赋值。

这样对于准则 C，几个被比较元素通过两两比较构成一个判断矩阵 $A=(a_{ij})_{n \times n}$，其中 aij 就是元素 u_i 与 u_j 相对于 C 的重要度比值。

判断矩阵应满足：$a_{ij} > 0$，$a_{ij}=1/a_{ji}$，$a_{ii}=1$，具有这种性质的矩阵 A 称为正负反矩阵。由判断矩阵所具有的性质知：一个 n 阶判断矩阵只需给出其上三角或下三角的 $n(n-1)/2$ 个元素就可以了，即只需做 $n(n-1)/2$ 次两两比较判断。

若判断矩阵 A 同时具有如下性质：$\forall i, j, k \Rightarrow a_{ij}a_{jk}=a_{ik}$，则称矩阵 A 为一致性矩阵。并不是所有的判断矩阵都具有一致性！事实上，AHP 中多数判断矩阵（三阶以上）不满足一致性。一致性及其检验是 AHP 的重要内容。

AHP 的第三步要从给出的每一判断矩阵中求出被比较元素的排序权重向量，并通过一致性检验确定每一判断矩阵是否可以接受。权重计算方法主要有以下几种：和法、根法以及特征根法。

和法：取判断矩阵 n 个列向量（针对 n 阶判断矩阵）的归一化后算术平均值近似作为权重向量，即有：

$$\bar{\omega}_i = \frac{1}{n} \sum_{j=1}^{n} \frac{a_{ij}}{\sum_{k=1}^{n} a_{kj}}, \quad i=1,2,\ldots,n$$

根法（几何平均法）：将 A 的各个向量采用几何平均然后归一化，得到的列向量近似作为加权向量，即有：

$$\bar{\omega}_i = \frac{(\prod\limits_{j=1}^{n} a_{ij})^{\frac{1}{n}}}{\sum\limits_{k=1}^{n}(\prod\limits_{j=1}^{n} a_{jk})^{\frac{1}{n}}}, \quad i=1,2,\ldots,n$$

特征根法（EM）：求判断矩阵的最大特征根及其对应的右特征向量，分别称为主特征根与右主特征向量，然后将归一化后的右主特征向量作为排序权重向量。特征根法是 AHP 中提出最早，也最为人们所推崇的方法。特征根法原理及算法如下所示。设 $\omega=(\omega_1,$ $\omega_2,\ldots,\omega_n)^T$ 是 n 阶判断矩阵 A 的排序权重向量，当 A 为一致性矩阵时，显然有如下性质：

$$A = \begin{Bmatrix} \dfrac{\bar{\omega}_1}{\omega_1} & \dfrac{\bar{\omega}_1}{\omega_2} & \cdots & \dfrac{\bar{\omega}_1}{\omega_n} \\[2mm] \dfrac{\bar{\omega}_2}{\omega_1} & \dfrac{\bar{\omega}_2}{\omega_2} & \cdots & \dfrac{\bar{\omega}_2}{\omega_n} \\[1mm] \vdots & \vdots & & \vdots \\[1mm] \dfrac{\bar{\omega}_n}{\omega_1} & \dfrac{\bar{\omega}_n}{\omega_2} & \cdots & \dfrac{\bar{\omega}_n}{\omega_n} \end{Bmatrix}$$

可以验证 $A\bar{\omega}=n\bar{\omega}$，且 n 为矩阵 A 的最大特征值，A 的其余特征值为 0，A 的秩为 1。根据非负矩阵的 Perron 定理可知：正互反矩阵的最大特征根为正，且它对应的右特征向量为正向量，最大特征根 λ_{max} 为 A 的单特征根。特征根法是借用数值分析中计算正矩阵的最大特征根和特征向量的幂法实现。常用数学软件如 MATLAB 等也都具有这种功能。

下面介绍有关层次分析法理论的 Perron 定理和几个性质：

Perron 定理：设 n 阶方阵 A，λ_{max} 为 A 的模最大的特征根，那么 λ_{max} 必为正特征根，而且它所对应的特征向量为正向量。A 的任何其他特征根 λ，有 $|\lambda| < \lambda_{max}$。$\lambda_{max}$ 为 A 的单特征根，它所对应的特征向量除差一个常数因子外是唯一的。

一致性正互反矩阵 A 具有以下几个性质：

A^T 为一致性正互反矩阵；

A 的任一列均为任意指定一列的正数倍，因而 A 的秩为 1；

A 的最大特征根为 n，其余特征根为 0；

若 A 的最大特征根对应的特征向量为 $\bar{\omega}=(\bar{\omega}_1,\bar{\omega}_2,\ldots,\bar{\omega}_n)^T$，则 $a_{ij}=\dfrac{\bar{\omega}_i}{\bar{\omega}_j}$；

n 阶正互反矩阵 $A=(a_{ij})_{n\times n}$ 是一致的当且仅当 $\lambda_{max}=n$。

前面提到：在判断矩阵的构造中，并不要求判断矩阵具有一致性，这是由客观事物的复杂性与人类认识的多样性所决定的。1～9 标度也决定了三阶以上判断矩阵很难满足一致性。但要求判断有大体上的一致性是应该的，若出现甲比乙极端重要，乙比丙极端重要而丙又比甲极端重要的判断，一般是违背常识的。一个混乱的经不起推敲的判断矩阵有可能导致决策的失误，而且当判断矩阵过于偏离一致性时上述各种计算排序权重的方法，其可靠性程度也就值得怀疑了。因此，需要对判断矩阵的一致性进行检验，其检验步骤为：

1. 计算一致性指标 C.I.（Consistent Index）：$C.I.=\lambda_{max}-n/n-1$。

2. 查找相应的平均随机一致性指标 R.I.（Random Index）。

3. 计算一致性比率 C.R.（Consistent Radio）：$C.R.=C.I/R.I.$。

当 $C.R. < 0.10$ 时，认为判断矩阵的一致性是可以接受的，否则应对判断矩阵做适当修正。

上述方法可以得到一组元素对其上一层次中某元素的权重向量。最终要得到各元素（特别是最低层中各方案）对于目标的排序权重，即所谓总排序权重，从而进行方案选择。总排序权重要自上而下地将单准则下的权重进行合成。

例：企业资金分配问题

有家企业年末有留成，希望将此笔资金用于以下几个领域：发奖金、福利事业与引进新设备。但是，在利用企业留成时需要考虑以下几个方面：调动职工积极性、提高企业技术水平和改善职工生活条件。请建立数学模型合理使用企业留成，帮助企业将来更好地发展。

解题思路

在合理利用企业留成问题中有以下层次结构模型如图 12-2 所示，设置判断矩阵如下，每个矩阵同时列出其最大特征根、右主特征向量及一致性比率等。

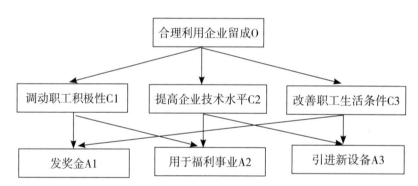

图12-2　企业留成使用层次分析图

建立层次结构后，形成两两判断矩阵。目标层与准则层的判断矩阵、准则层与方案层的四个判断矩阵。

因此最终排序向量为：

$$W_2=\begin{bmatrix} 0.75 & 0 & 0.667 \\ 0.25 & 0.167 & 0.333 \\ 0 & 0.833 & 0 \end{bmatrix}\begin{bmatrix} 0.105 \\ 0.637 \\ 0.258 \end{bmatrix}=\begin{bmatrix} 0.251 \\ 0.218 \\ 0.531 \end{bmatrix}$$

于是，对于工厂合理使用企业留成利润，促进企业发展所考虑的三种方案的相对优先排序为：$A_3 > A_2 > A_1$（"$>$"表示优先于）。利润分配比例为引进新设备应占 53.1%，用于发奖金应占 25.1%，用于改善福利事业应占 21.8%。

例：小区开放对道路通行的影响

除了开放小区可能引发的安保等问题外，议论的焦点之一是：开放小区能否达到优化路网结构、提高道路通行能力、改善交通状况的目的，以及改善效果如何。一种观点认为封闭式小区破坏了城市路网结构，堵塞了城市"毛细血管"，容易造成交通阻塞。小区开放后，路网密度提高，道路面积增加，通行能力自然会有提升。也有人认为这与小区面积、位置、外部及内部道路状况等诸多因素有关，不能一概而论。还有人认为小区开放后，虽然可通行道路增多了，相应地，小区周边主路上进出小区的交叉路口的车辆也会增多，也可能会影响主路的通行速度。

城市规划和交通管理部门希望你们建立数学模型，就小区开放对周边道路通行的影响进行研究，为科学决策提供定量依据，请选取合适的评价指标体系，用以评价小区开放对周边道路通行的影响。

说明：本例题源自全国大学生数学建模竞赛。

问题分析

小区的开放使得周边道路与小区内道路直接相连，路网结构相应发生变化，由此会对周边道路通行造成一定的影响。若要对小区开放前后对周边道路通行状况的影响进行评价，则需建立合适的评价指标体系。考虑到评价指标体系的全面性和系统性，可选取道路负荷状况、道路畅通状况、道路稳定状况以及道路安全状况四个方面作为评价周边道路通行状况评价指标。道路负荷状况即道路交通供需情况，可由道路平均负荷度表示；道路畅通状况反映道路运行的快捷性，可由三个方面表示，分别为：道路平均行程速度、道路通行时间指数、道路交通拥堵指数；道路稳定状况反映道路运行的可靠性，可由道路行程时间稳定指数表示；道路安全状况体现道路交通安全性，可由道路交通事故发生率表示。以小区开放对周边道路通行影响作为目标层，利用上述各指标作为准则层，将小区开放和不开放作为方案层，建立层次分析结构，计算小区开放和不开放的权值，并对小区开放前后周边道路通行状况进行评价。

模型设计

为评价小区开放对周边道路通行状况的影响，需建立一个道路通行状况评价体系，用于定量地分析各类道路通行状况，并定性地评价道路通行状况的优劣。首先确定一个评价体系建立原则，然后在该原则的指导下完成评价指标的选取、指标含义和计算方式的确立，最后利用层次分析法对道路通行状况进行综合评价。

建立全面、科学的评价体系，需要正确的指导原则。在建立道路通行状况评价体系时遵循以下三个原则：

（1）客观性原则：道路通行状况是一个实际性问题，在建立评价体系时应当遵循其实际规律，不能仅凭主观臆想构建体系。

（2）科学性原则：评价指标体系应当体现科学的态度。指标的选取缘由、指标的具体含义以及指标的计算方法都需要有科学的依据作支撑。在表述相关概念时，力求做到解释清晰，明白无误，没有遗漏、偷换概念。

（3）系统性原则：道路交通状况是一个较为广泛的概念，在建立评价指标体系时，需全面地、有层次地、由浅入深地选取指标。在每一级指标层上，保证每个指标相互之间的独立性和平行性，做到既能够涵盖最广的范围，又能清楚地区分指标的特点。

为了客观、科学、系统地评价小区开放前后对周边道路通行状况的影响，需要从多个方面选取指标，对道路通行状况进行合理评价。可以从道路负荷程度、畅通程度、稳定程度和安全程度四个方面出发，选取道路负荷状况、道路畅通状况、道路稳定状况和道路安全状况作为评价指标体系中的指标,力求评价指标系统的客观性、科学性和系统性。

（1）道路负荷状况:道路负荷状况即实际交通量与道路通行能力之比,可反映道路交通情况。道路负荷越低,则表示道路通行状况越好;而道路负荷越高,则表示道路通行状况越糟糕。可以通过道路平均负荷度来反映道路交通负荷。

道路平均负荷度是路段车流量与路段交通通行能力的比值,无单位。该指标用于评价路段的交通繁忙程度,可反映路段的交通供需水平。

$$\bar{H} = \frac{\sum\limits_{i=1}^{n} Q_i L_i}{\sum\limits_{i=1}^{n} C_i L_i}$$

其中,Q_i 表示路段 i 的流量,C_i 表示路段 i 的通行能力,L_i 表示路段 i 的长度,n 表示路段总数。

（2）道路畅通状况:道路畅通状况反映道路运行的快捷程度,也反映道路交通的拥堵程度。道路通行越畅通,则表示道路的通行质量越高,交通越不拥堵。可以选择道路平均行程速度、道路通行时间指数、道路交通拥堵指数三个指标来反映道路畅通状况。

①道路平均行程速度:道路平均行程速度 $\bar{V}$ 是指道路网内所有路段平均行程速度以车道行驶里程为权重的加权平均值。道路平均行程速度可直接反映道路的通畅程度。

$$V = \frac{\sum\limits_{i=1}^{n} v_i VKT_i}{\sum\limits_{i=1}^{n} VKT_i}$$

其中,n 表示路段总数,v_i 表示路段 i 的车辆平均行程速度,VKT_i 表示路段 i 的车道行驶里程。

②道路通行时间指数:道路通行时间指数 TTI 表示道路网中车辆从起点到终点的加权平均行程时间,道路通行时间指数越大,则从起点到终点所需时间越长。

$$TTI = \frac{\sum\limits_{i=1}^{n} TI_i D_i}{\sum\limits_{i=1}^{n} D_i}$$

其中,D_i 表示路段 i 的交通出行量,n 表示路段总数,TI_i 表示路段 i 的通行时间指数。

路段 i 的通行时间指数 TI_i 表示道路网中车辆从起点到终点,完成单位里程所需的平均行程时间。路段通行时间指数能够体现路段的畅通性。

$$TI_i = 60km/h/v_t$$

其中,v_t 表示路段 i 的车辆平均行驶速度。

③道路交通拥堵指数:道路交通拥堵指数 P 是量化道路网整体拥堵程度的相对数,是道路通畅程度的重要表现形式。当指标值较大时,表示道路网内畅通程度低,较为拥堵;当指标值较小时,表示道路网内畅通程度高,不太拥堵。

道路交通拥堵指数 P 与道路网严重拥堵比例呈正相关。当道路网严重拥堵比例为 $a\%$ 时,道路交通拥堵指数 P 为:

$$P=\begin{cases} \dfrac{a}{2}, & 0 \le a \le 4 \\[3mm] 2+\dfrac{a-4}{2}, & 4 < a \le 8 \\[3mm] 4+\dfrac{2(a-8)}{3}, & 8 < a \le 11 \\[3mm] 6+\dfrac{2(a-11)}{3}, & 11 < a \le 14 \\[3mm] 8+\dfrac{a-14}{5}, & 14 < a < 24 \\[3mm] 10, & a \ge 24 \end{cases}$$

（3）道路稳定状况：道路稳定状况体现道路运行的可靠性，反映道路运行得是否稳定。可以选取道路行程时间稳定指数来评价道路通行的稳定性。道路行程时间稳定指数 SI 表示在某一时间段内能够完成道路行程的可能性。

$$SI = \frac{\gamma_u - \gamma_l}{\tau_u - \tau_l}(\tau_u - CV) + \gamma_l$$

其中，CV 表示道路行程时间的变异系数，γ_u、γ_l 分别表示道路行程时间稳定指数等级的上、下边界值，τ_u、τ_l 分别为变异系数值类别的上、下边界值。

道路行程时间的变异系数 CV 等于道路上所有车辆的行程时间的标准差与其均值的商。在已知道路行程时间的变异系数后，可根据变异系数值进行等级划分，进而得到等级边界 γ_u、γ_l 和等级对应的变异系数边界值 τ_u、τ_l。

$$CV = \frac{\sqrt{\dfrac{1}{n}\sum_{i=1}^{n}(t_i - \bar{t})^2}}{t}$$

其中，n 为道路上车辆通行量，t_i 为道路上第 i 辆车的行驶时间，为道路上车辆的平均行驶时间。

（4）道路安全状况：道路安全状况可由道路交通事故发生率表示。由于道路交通事故发生率 PI 可通过查阅资料直接得到，此处不再赘述道路交通事故发生率的计算公式。

以上从道路负荷状况、道路通畅状况、道路稳定状况和道路安全状况四个方面描述了影响道路通行状况的指标。

为保证计算所得的指标真实可靠性，本文选取河南省平顶山市光明路作为小区周边的道路作为对象。计算所需数据来源于《平顶山报》中的"市区四条南北路高峰期：最低时速 9.4km"。光明路 - 启蒙路以丁字形交叉。

根据资料可知，交叉道路的事故发生率约为 30%，直道（即无交叉口）事故发生率约为 70%。而当小区开放前，周边主干路为直道，小区开放后，小区内道路与主干路形成交叉口，因此可近似认为小区开放前道路交通事故发生率为 30%，小区开放后道路交通事故发生率为 70%。

要评价小区开放前后对周边道路通行的影响，需从实际出发。层次分析法需建立各指标之间的比较判断矩阵，而矩阵中的数值需以实际情况为基础。利用上述计算得到的客观的指标值，可得到相对符合实际的比较数据。

利用层次分析模型，先建立层次结构图。根据图 12-3 的评价指标体系，以评价指标体系的二级指标作为准则层，以小区开放对周边道路通行影响作为目标层，以小区开放和不开放作为方案层，建立层次结构图。

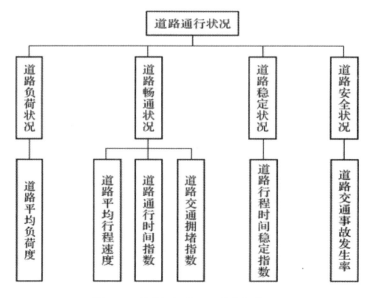

图12-3 道路通行状况评价指标体系

根据计算所得的小区开放前后的六个指标值，建立目标层与准则层的比较判断矩阵如下：

$$A=\begin{bmatrix} 1 & 1 & 1 & 1 & 2 & 3 \\ 1 & 1 & 1 & 1 & 2 & 3 \\ 1 & 1 & 1 & \dfrac{1}{2} & 2 & 3 \\ 1 & 1 & 2 & 1 & 3 & 4 \\ \dfrac{1}{2} & \dfrac{1}{2} & \dfrac{1}{2} & \dfrac{3}{2} & 1 & 2 \\ \dfrac{1}{3} & \dfrac{1}{3} & \dfrac{1}{3} & \dfrac{1}{4} & \dfrac{1}{2} & 4 \end{bmatrix}$$

由于 $C.R. < 0.1$，一致性检验通过。此时矩阵 A 最大特征值对应的特征向量为 $U=[0.2014，0.2014，0.1802，0.2575，0.0986，0.0609]$。

准则层与方案层的判断矩阵如下：

$$B_1 = \begin{bmatrix} 1 & \dfrac{17}{5} \\ \dfrac{5}{17} & 1 \end{bmatrix}, B_2 = \begin{bmatrix} 1 & \dfrac{17}{16} \\ \dfrac{16}{17} & 1 \end{bmatrix}, B_3 = \begin{bmatrix} 1 & \dfrac{375}{357} \\ \dfrac{357}{375} & 1 \end{bmatrix}$$

$$B_4 = \begin{bmatrix} 1 & \dfrac{6.67}{5.87} \\ \dfrac{5.87}{6.67} & 1 \end{bmatrix}, B_5 = \begin{bmatrix} 1 & \dfrac{9.95}{9.9} \\ \dfrac{9.9}{9.95} & 1 \end{bmatrix}, B_6 = \begin{bmatrix} 1 & \dfrac{3}{7} \\ \dfrac{7}{3} & 1 \end{bmatrix}$$

以上 6 个判断矩阵 $C.R. < 0.1$，一致性检验通过。

因此最终得到组合权向量。由此可知，小区开放后对周边道路的通行状况的影响程度为 0.5496，小区开放前对周边道路的通行状况的影响程度为 0.4504。比较可知，小区开放后周边道路的通行状况比小区开放前要好。

第二节 灰色关联数学模型

一般地，把信息完全明确的系统称为白色系统，把信息完全不明确的系统称为黑色系统，信息部分明确、部分不明确的系统称为灰色系统。当事物之间、因素之间、相互关系比较复杂，特别是表面现象，变化的随机性更容易混淆人们的直觉，掩盖事物的本质，使人们在认识、分析、预测、决策时，得不到全面的、足够的信息，不容易形成明确的概念。这些都是灰色因素，灰色的关联性在起作用。

假设 $X_0 = (x_{10}, x_{20}, \ldots, xn_0)^T$ 为母序列，$X_1 = (x_{11}, x_{21}, \cdots, x_{n1})^T$，$\cdots$，$X_m = (x_{1m}, x_{2m}, \cdots, x_{nm})^T$ 为子序列（比较序列），则定义 X_i 与 X_0 在第 k 点的关联系数 $y_i(k)$ 为：$y_i(k) = (a+bp) / \triangle i(k) - bp$。

其中，$\Delta i(k) = |x_{ki} - x_{0i}|$，$i = 1, 2, \cdots, m$，$k = 1, 2, \cdots, n$，

$$a = \min_{1 \le k \le m} \min_{1 \le i \le} \triangle_i(k), \quad b = \max_{1 \le k \le m} \max_{1 \le i \le} \triangle_i(k)$$

ρ 称为分辨系数，取 0 ~ 1 之间的数（通常取 $\rho = 0.5$）。

X_i 与 X_0 之间的关联度为：

$$r_i = \frac{1}{n} \sum_{k=1}^{n} y_i(k), i = 1, 2, \cdots, m$$

灰色关联度分析应用非常广泛，例如，当需要对 n 个方案进行评价时，有 m 个指标可以从不同的侧面正确地反映出被评价 n 个方案效益的情况。于是，可采取如下步骤：

1. 选定母指标：选取对方案影响最重要的指标作为母指标，如选 X_j 为母指标。

2. 对原始数据（指标值）进行处理：由于各指标的量纲不同，指标值的数量级也差别很大。为了用这些数据进行综合评价首先必须对原始数据进行无量纲、无数量级的处理。处理的方法通常有两种：均值化处理即分别求出各个指标原始数据的平均值，再用均值去除对应指标的每个数据，便得到新的数据；初值化处理即分别用原始数据每个指标的第一个数据去除对应指标的每一个数据，便得到新的数据。

例：经济效益评价模型

经济效益是经济活动效果的综合反映，以最小消耗取得最大的产出和经济成果，是经济工作的总目标和基本要求。通过对企业经济效益进行综合评价，可使上级主管部门对所属参评单位的经济效益状况心中有数。通过综合评价，能让各被评价单位明确地知道自己所处的名次，分析其先进或落后的成因，从宏观上把握在经济效益方面争名次、上台阶的方向，从而充分发挥自身优势，积极参与市场竞争，取得更好的经济效益。经济效益综合评价还能对企业的发展起导向作用，使企业从产量增长型思维转换到注重经营效益型方面

上来，努力提高自身的综合实力和活力。

解题思路

从投入产出理论出发，可以选取从不同侧面反映地区经济效益好坏的多个指标。我国新的工业生产考核评价指标体系含有六个指标，分别是工业产品销售率（%），工业资金利用率，工业成本利用率（%），工业劳动生产率（元/人），流动资金周转次数（次），工业净产值率（%）。由于各地区的这些指标常常是此大彼小，因此必须建立一个科学合理的综合评价模型，运用各地区的各指标值对被评价地区的经济效益做出客观、公正的综合评价和排序。

例：2010 年上海世博会影响力的定量评估

2010 年上海世博会是首次在中国举办的世界博览会。从 1851 年伦敦的"万国工业博览会"开始，世博会正日益成为各国人民交流历史文化、展示科技成果、体现合作精神、展望未来发展等的重要舞台。请你们选择感兴趣的某个侧面，建立数学模型，利用互联网数据，定量评估 2010 年上海世博会的影响力。

说明：本例题源自全国大学生数学建模竞赛。

模型设计

世博会是人类社会新思想、新观念、新成果、新文化和新发明的集中展现，被誉为世界经济和科学技术界的"奥林匹克"盛会。世博会能给举办国，特别是举办地带来良好的发展机遇，这是毋庸置疑的；对于其长远发展和品牌建设具有的战略意义，也是不可忽视的。

在进行城市品牌评价时，建立一个科学合理的城市品牌评价指标体系尤为重要，这关系到评价结果的准确性。为此，我们将通过一系列科学可行的分析方法进行指标的提炼和筛选，以期建立科学、规范的城市品牌影响力评价指标体系。

根据瑞士洛桑国际管理学院对于城市品牌影响力研究的结论，各个因素归类于用 5 个大类——经济、居民生活、旅游业、市政建设、科技发展来评价的城市品牌。

根据以上原则以及瑞士洛桑国际管理学院对于城市品牌影响力研究的结论，选取 13 个指标作为评价城市品牌的依据，并将各个因素归类于 5 个大类：经济、居民生活、旅游业、市政建设、科技发展，最终得到城市品牌的综合评分。

但是，每一项指标的单位都不相同，无法进行统一处理，因此，先使用灰色关联分析来对每一元素进行标准化。

第三节　主成分分析数学模型

主成分分析也称主分量分析，旨在利用降维的思想，把多指标转化为少数几个综合指标。在实际问题研究中，为了全面、系统地分析问题，必须考虑众多影响因素。这些涉及的因素一般称为指标，在多元统计分析中也称为变量。因为每个变量都在不同程度上反映了所研究问题的某些信息，并且指标之间彼此有一定的相关性，因而所得的统计数据反映的信息在一定程度上会有重叠。用统计方法研究多变量问题时，变量太多会增加计算量和增加分析问题的复杂性，人们希望在进行定量分析的过程中，涉及的变量较少，得到的信息量较大。

主成分分析法是一种数学变换的方法，它把给定的一组相关变量通过线性变换转成另一组不相关的变量，这些新的变量按照方差依次递减的顺序排列。在数学变换中保持变量的总方差不变，使第一变量具有最大的方差，称为第一主成分，第二变量的方差次大，并且和第一变量不相关，称为第二主成分。

主成分分析以最少的信息丢失为前提，将众多的原有变量综合成较少的几个综合指标。通常综合指标（主成分）有以下特点：

● 主成分个数远远少于原有变量的个数：原有变量综合成少数几个因子之后，因子将可以替代原有变量参与数据建模，这将大大减少分析过程中的计算工作量。

● 主成分能够反映原有变量的绝大部分信息：因子并不是原有变量的简单取舍，而是原有变量重组后的结果，因此不会造成原有变量信息的大量丢失，并能够代表原有变量的绝大部分信息。

● 主成分之间应该互不相关：通过主成分分析得出的新综合指标（主成分）之间互不相关，因子参与数据建模能够有效地解决变量信息重叠、多重共线性等给分析应用带来的诸多问题。

● 主成分具有命名解释性：主成分分析法是研究如何以最少的信息丢失将众多原有变量浓缩成少数几个因子，如何使因子具有一定的命名解释性的多元统计分析方法。

主成分分析基本思想是设法将原来众多的具有一定相关性的指标 X_1, X_2, ..., X_p，重新组合成一组较少个数的互不相关的综合指标 F_m 来代替原来的指标。那么如何提取综合指标，使其既能最大程度地反映原变量 X_p 所代表的信息，又能保证新指标之间保持相互无关（信息不重叠）？

设 F_1 表示原变量的第一个线性组合所形成的主成分指标，即 $F_1=a_{11}X_1+a_{12}X_2+\cdots+a_{1p}X_p$。由数学知识可知：每一个主成分所提取的信息量可用其方差来度量。例如，方差 $Var(F_1)$ 越大，表示 F_1 包含的信息越多。常常希望第一主成分 F_1 所含的信息量最大。因此，在所有的线性组合中选取的 F_1 应该是 X_1, X_2, ..., X_p 所有线性组合中方差最大的，故称 F_1 为第一主成分。如果第一主成分不足以代表原来 p 个指标的信息，再考虑选取第二个主成分指标 F_2。为有效地反映原信息，F_1 已有的信息就不需要再出现在 F_2 中，即 F_2 与 F_1 要保持独立、不相关。用数学语言表达就是其协方差 $Cov(F_1, F_2)=0$。所以，F_2 是与 F_1 不相关的 X_1, X_2, ..., X_p 所有线性组合中方差最大者，故称 F_2 为第二主成分。依此类推构造出的 F_1, F_2, ..., F_m 分别为原变量指标 X_1, X_2, ..., X_p 的第一、第二、……、第 m 个主成分。

$$\begin{cases} F_1 = a_{11}X_1 + a_{12}X_2 + \cdots a_{1p}X_p \\ F_2 = a_{21}X_1 + a_{22}X_2 + \cdots a_{2p}X_p \\ \vdots \\ F_m = a_{m1}X_1 + a_{m2}X_2 + \cdots a_{mp}X_p \end{cases}$$

根据以上分析可知：

● F_i 与 F_j 互不相关，即 $Cov(F_i, F_j)=0$；

● F_i 是 X_1, X_2, ..., X_p 一切线性组合（系数满足上述要求）中方差最大的。F_m 是与 F_1, F_2, ..., F_{m-1} 都不相关的 X_1, X_2, ..., X_p 所有线性组合中方差最大者。

由以上分析可见，主成分分析法的主要任务有两点：

1.确定各主成分 F_i 关于原变量 X_j 的表达式，即系数 a_{ij}。从数学上可以证明：原变量协方差矩阵的特征根是主成分的方差，所以前 m 个较大特征根就代表前 m 个较大的主成分方差值。原变量协方差矩阵前 m 个较大的特征值 λ_i 所对应的特征向量就是相应主成分 F_i 表达式的系数 a_{ij}。

2.计算主成分载荷。主成分载荷是反映主成分 F_i 与原变量 X_j 之间的相互关联程度：

$$P(z_i, x,) = \sqrt{\lambda_i} a_{ji}$$

主成分分析的具体步骤如下：

（1）计算协方差矩阵 $\varSigma = (s_{ij})_{p \times p}$：

$$s_{ij} = \frac{1}{n-1} \sum_{k=1}^{n} (x_{ki} - \bar{x}_i)(x_{kj} - \bar{x}_j)$$

（2）求出 $\varSigma$ 的特征值 λ_i 及相应的正交化单位特征向量。

$\varSigma$ 前 m 个较大的特征值 $\lambda_1 \geq \lambda_2 \geq \cdots \geq \lambda_m > 0$ 就是前 m 个主成分对应的方差，λ_i 对应的单位特征向量 a_{ij} 就是主成分 F_i 关于原变量的系数。主成分的方差（信息）贡献率用来反映信息量的大小：

$$a_i = \frac{\lambda_i}{\sum_{j=1}^{m} \lambda_i}$$

（3）选择主成分：最终要选择几个主成分是通过方差（信息）累计贡献率 $G(m)$ 来确定。

$$G(m) = \frac{\sum_{i=1}^{m} m \lambda_i}{\sum_{i=1}^{p} \lambda_i}$$

当累积贡献率大于 85% 时，就认为能足够反映原来变量的信息。

（4）计算主成分载荷，原来变量 X_j 在诸主成分 F_i 上的荷载。

$$P(Z_j, x_i) = \sqrt{\lambda_i} a_{ji}$$

（5）计算主成分得分，计算样品在 m 个主成分上的得分：

$$F_i = a_{i1} X_1 + a_{i2} X_2 + \ldots + a_{ip} X_p$$

实际应用时，指标的量纲往往不同，所以在主成分计算之前应先消除量纲的影响。消除数据的量纲有很多方法，常用方法是将原始数据标准化，即做数据变换等。

例："互联网＋"时代的出租车资源配置

出租车是市民出行的重要交通工具之一，"打车难"是人们关注的一个社会热点问题。随着"互联网＋"时代的到来，有多家公司依托移动互联网建立了打车软件服务平台，实现了乘客与出租车司机之间的信息互通，同时推出了多种出租车的补贴方案。请你们搜集相关数据，试建立合理的指标，并分析不同时空出租车资源的"供求匹配"程度。

说明：本例题源自全国大学生数学建模竞赛。

问题分析

为了对出租车资源供求匹配程度进行衡量，首先需要明确供求匹配的定义。从乘客的角度看：乘客希望出租车数量尽可能多，使得自身打车所需时间减少；而从司机的角度来看：司机希望该区域出租车数量尽可能少，使得该区域平均可获得收益提高；从资源合理配置的角度看：出租车数量不能随意增加也不能随意减少，它应该与区域内打车人数相对匹配。所以，在对不同时空出租车资源供求匹配程度衡量的过程中，要分别考虑需求度最大满足原则和供求一致性原则，根据不同原则下所希望达到的目的建立评价体系。在对不同时空下出租车资源供求匹配程度的比较分析时，多个衡量指标值无法得到直观地判断，需要对多个指标降维处理并按实际贡献度分配不同的权重整合成综合指标值。为了说明该综合指标值能准确反映该时空出租车资源供求匹配程度，还需代入实际数据进行分析说明。

模型设计

为了对不同时间和空间下出租车资源的供求匹配程度进行分析，首先需要对出租车资源"供求匹配"程度进行定义。出租车资源并不同于一般意义上的商品，对出租车资源的需求在于该服务提供的速度方面，即当需要打出租车时花多少时间能打到出租车。所以，出租车资源的"供求匹配程度"具体可表示为出租车数量对出租车需求量的满足程度。

由于对出租车的需求量实际上由顾客寻求服务所需时间、出租车司机提供服务的速度进行确定，故出租车需求量并不一定等于某时刻某地所需出租车的人数。假设某时刻出租车在一个区域内均匀分布，当该区域出租车密度大，打到一辆出租车所花费的时间相对较少，则乘客希望该区域内出租车数量越多越好。但另一方面，出租车维护成本及某区域出租车所能获取的利润固定，作为司机则希望该区域内出租车数量越少越好。这两点相互制约，存在一个平衡点，当该地出租车数量达到该平衡点时，认为出租车资源供求相互匹配。

为了对不同时间、不同空间下出租车资源供求匹配程度进行对比，需要使得供求匹配程度可量化，即对出租车资源供求匹配程度进行度量以确定匹配程度指标值。为了对出租车资源供求匹配程度进行全面清晰地描述，将度量系统分为四个层次：第一个层次为总体层，总体目标是要对出租车资源供求匹配程度进行衡量以确定供求匹配程度指标值。第二个层次为原则层，在对出租车资源供求匹配程度定义的分析中，可以总结两条原则：需求最大满足原则，即尽量满足乘客和出租车司机的意愿；供求一致性原则，即区域内出租车数量与打车的人数应相对匹配。这两条原则确定了该区域内出租车的需求量。另外，市场对出租车数量的分布也存在导向作用。第三个层次为目标层，即在该原则下需要达到的目标。其中要满足乘客打车所需时间尽量短的意愿，需要使区域内出租密度尽量大；要满足出租车司机收益大的意愿，要求区域内出租车平均车费要尽量大；要使区域内出租车数量供求一致，要求区域内出租车数量与打车人数绝对值之差尽量小。第四个层次为指标层，建立出租车密度 ρ_{ij}、出租车司机平均收益 M_{ij}、出租车数量与打车人数绝对差值 Δ_{ij} 三个指标，对三个目标的达成情况进行衡量。另外，考虑市场的导向作用，增加司机平均接单时长指标 t_{ij}，表示 i 时刻 j 地出租车司机接单的平均时间。出租车司机平均接单时间越短，说明出租车司机越倾向于在该区域内运营。

对一小时内，半径一千米的区域圆统计其区域内出租车运营情况。其中，n_{ij} 表示 i 时刻 j 地出租车数量，S 表示区域圆面积，m_{ij} 表示 i 时刻 j 地出租车车费，d_{ij} 表示 i 时刻 j 地打车需求量，得到如下指标的定义式：

$$\begin{cases} \rho_{ij} = \dfrac{n_{ij}}{S} \\[3mm] M_{ij} = \dfrac{m_{ij}}{n_{ij}} \\[5mm] \Delta i_j = |\, n_{ij} - d_{ij}\,| \end{cases}$$

以杭州市为例，分析杭州市不同时空出租车资源的"供求匹配"程度。本着全面系统与突出重点相结合的原则，时间方面以 2 小时为时间间隔，以 2：00 为时间起点，考察全天 12 个时间段，分别编号 1，2，…，12；空间方面，为了全面地概括杭州市的交通情况，选择的考察区域包括高教园区、市区、郊区、科技园开发区、景区、火车站点，对应的地点分别为：下沙、朝晖、留下、滨江、西湖、火车东站，分别编号 1，2，…，6。从滴滴、快的智能出行平台可以得到具体数据。

由于数据是从打车软件平台获取，目前杭州市出租车基本都安装 GPS 系统，该平台获得的出租车数量可以近似等价该地拥有的出租车实际数量。但通过该平台获取的实时打车需求量仅是该时刻通过滴滴打车软件打出租车的人数，实际上通过打车软件打出租车只是众多打车方案之一，故对该数据进行处理。从《2015 年 6 月中国移动出行应用市场研究报告》中得到，截至 2015 年 6 月，滴滴打车所占市场份额为 80.2%，另外对人群打车方式调查得到使用打车软件打车所占比例约为 11.8%，故实际打车需求量 d'_{ij} 修正为：

$$d'_{ij} = \frac{d'_{ij}}{0.802 \times 0.118}$$

可以得到不同时间和空间下衡量出租车资源供求匹配程度的四个评价指标值。但是为了使衡量结果能直接进行横向（空间）、纵向（时间）对比，使用主成分分析法确定能较全面地反映供求匹配程度的主要成分，并按照其贡献度大小进行加权求和整合为一个综合供求匹配度衡量指标。具体方法如下：

1. 数据的标准化处理：对构建出的四个出租车资源供求匹配程度衡量指标进行分析，发现衡量指标 ρ_{ij}、M_{ij} 的值越高越能满足需求最大满足原则，而其余指标越小越能满足一致性原则，要对 4 个指标统一求解需要进行无量纲化处理。用 0-1 极差标准化变化对指标值进行处理：

$$\begin{cases} \rho'_{j} = \dfrac{\rho_{ij} - \min \rho_{ij}}{\max \rho_{ij} - \min \rho_{ij}} \\[2mm] M'_{ij} = \dfrac{M_{ij} - \min M_{ij}}{\max M_{ij} - \min M_{ij}} \\[2mm] \triangle'_{j} = \dfrac{\max \triangle_{ij} - \min \triangle_{ij}}{\max \triangle_{ij} - \min \triangle_{ij}} \\[2mm] t'_{ij} = \dfrac{\max t_{ij} - t_{ij}}{\max t_{ij} - \min t_{ij}} \end{cases}$$

2. 协方差矩阵求解：为了方便求解协方差矩阵，根据标准化后的值求解这 4 个分指标的协方差矩阵 $\Sigma = (s_{ij})_{p \times p}$。编写 MATLAB 程序求解得：

$$\Sigma = \begin{bmatrix} 1 & -0.3233 & 0.9183 & 0.2611 \\ -0.3233 & 1 & -0.2759 & -0.0701 \\ 0.9183 & -0.2759 & 1 & 0.2102 \\ 0.2611 & -0.0701 & 0.2102 & 1 \end{bmatrix}$$

3. 主成分的选取：使用 MATLAB 对协方差矩阵进行求解，得到该矩阵的特征向量：

$$V = \begin{bmatrix} -0.6433 & 0.7178 & -0.2646 & -0.0307 \\ 0.3396 & 0.0410 & -0.7759 & 0.5301 \\ -0.6289 & -0.6937 & -0.3472 & -0.0517 \\ -0.2746 & -0.0420 & 0.4555 & 0.8458 \end{bmatrix}$$

求出其对应的特征值从大到小排列为：

$$\lambda = [2.18, \ 0.9338, \ 0.8075, \ 0.0788]$$

从而确定出 4 个主成分，但实际上我们只需要其中的小部分即可对整体情况进行描述。引入信息贡献率 b_j 与累积贡献率 c_j，计算方法如下：

$$\begin{cases} b_i = \dfrac{\lambda_j}{\displaystyle\sum_{i=1}^{4} \lambda_j} \\[4mm] c_j = \dfrac{\displaystyle\sum_{i=1}^{j} \lambda_j}{\displaystyle\sum_{i=1}^{4} \lambda_j} \end{cases}$$

当所取贡献率总和达到 85% 时，认为所选指标可以比较全面地概括各项指标的性质。于是，找出前 3 个主成分的贡献率之和超过 85%，即将其用于综合指标的测定。

4. 综合指标的确定：将以上选出的主成分进一步整合成一个综合指标从而对不同时空的出租车资源的"供求匹配"程度进行定量描述，使用加权求和的方法对各成分进行统一。由于各主成分的方差贡献率不同，其在综合指标中所占的权重也不同。根据前 3 个主成分的贡献率及上述方程可以得到这 3 个主成分中每个主成分所占比重分别为 $w = [0.5560,$ $0.2480, \ 0.2060]$。根据特征根向量可以得到各主成分的表达式为：

$$\begin{cases} Q_1 = -0.6433x'_1 + 0.7178x'_2 - 0.2646x'_3 - 0.0307x'_4 \\ Q_2 = 0.3396x'_1 + 0.0410x'_2 - 0.7759x'_3 + 0.5301x'_4 \\ Q_3 = -0.6289x'_1 - 0.6937x'_2 - 0.3472x'_3 - 0.0517x'_4 \end{cases}$$

从而确定出租车资源的"供求匹配"程度综合指标为：

$$F = \sum_{i=1}^{3} \omega_i Q_i$$

不同时间出租车资源供求匹配程度分析：以下沙高教园区为例，可以发现早上 8 时，下沙出租车资源的供求匹配程度在这一天中最高；在 12 时，供求匹配程度最低，且一天中出租车资源的供求匹配程度变化较大。对该结果进行深入分析发现：一方面，由于下沙处于高教园区，出租车服务群体主要为学生和教师，出租车主要在上学时间与放学时间存在于该区域。在上课时间，由于客源稀少，出租车会转移到市区或其他客源更丰富的地区，导致该时段出租车资源供求匹配程度降低。另一方面，晚上 8 时左右为学生外出娱乐高峰，在该时段更多出租车涌入该区域，使得供求匹配程度出现小高峰。综上，该区域供求匹配综合指标值的变化与该地实际情况相匹配，说明了提出的出租车资源供求匹配程度度量模型准确可行。

不同空间出租车资源供求匹配程度分析：以 8 时为例，可以看出早上 8 时朝晖的综合指标值最大，即说明了该区域附近的出租车资源供求匹配程度最高，相反，可以知道留下街道附近的出租车资源供求匹配程度最低。结合实际情况发现，朝晖属于杭州市中心住宅办公区域，早上 8 时由于上班及外出潮，该地区活动人口达到峰值，由于市场导向，该地出租车资源供求匹配程度自然相对较高。而同一时刻，景区和车站枢纽均未迎来其人流高峰，故出租车资源供求匹配程度相对较低。

第四节　思　考

1.学费问题涉及每一个大学生及其家庭，是一个敏感而又复杂的问题：过高的学费会使很多学生无力支付，过低的学费又使学校财力不足而无法保证质量。学费问题近来在各种媒体上引起了热烈的讨论。

请你们根据中国国情，收集诸如国家大学生均拨款、培养费用、家庭收入等相关数据，并据此通过数学建模的方法，就几类学校或专业的学费标准进行定量分析，得出明确、有说服力的结论。数据的收集和分析是你们建模分析的基础和重要组成部分。你们的论文必须观点鲜明、分析有据、结论明确。

最后，根据你们建模分析的结果，给有关部门写一份报告，提出具体建议。

2.随着社会、经济的发展，城市道路交通问题越来越复杂，也越来越引人关注。城市道路交通资源是有限的，各种交通工具，特别是机动车（包括摩托车、电动三轮车等），对安全和环境的影响必须得到控制。而人们出行的需求是不断增长的，出行方式也是多种多样的，包括使用公共交通工具。因此，不加限制地满足所有人的要求和愿望是不现实的，也是难以为继的，必须有所倡导、有所发展、有所限制。不少城市采取的限牌、限号、收取局部区域拥堵费、淘汰污染超标车辆及其他管理措施收到了较好的效果，也得到了公众的理解。

为了让一项政策，如"禁摩限电"，得到大多数人的支持，对它进行科学的、不带意识形态的论证是必要的。请从深圳的交通资源总量（即道路通行能力）、交通需求结构、各种交通工具的效率及对安全和环境的影响等因素和指标出发，建立数学模型并进行定量分析，提出一个可行的方案。需要的数据资料在难以收集到的情况下，可提出要求。

3.水资源，是指可供人类直接利用、能够不断更新的天然水体。主要包括陆地上的地表水和地下水。

风险，是指某一特定危险情况发生的可能性和后果的组合。

水资源短缺风险，泛指在特定的时空环境条件下，由于来水和用水两方面存在不确定性，使区域水资源系统发生供水短缺的可能性以及由此产生的损失。

近年来，我国特别是北方地区水资源短缺问题日趋严重，水资源成为焦点话题。

以北京市为例，北京是世界上水资源严重缺乏的大都市之一，其人均水资源占有量不足 300m³，为全国人均的 1/8，世界人均的 1/30，属重度缺水地区。北京市水资源短缺已经成为影响和制约首都社会和经济发展的主要因素。政府采取了一系列措施，如南水北调工程建设、建立污水处理厂、产业结构调整等。但是，气候变化和经济社会不断发展，水资源短缺风险始终存在。如何对水资源风险的主要因子进行识别，对风险造成的危害等级进行划分，对不同风险因子采取相应的有效措施规避风险或减少其造成的危害，这对社会经济的稳定、可持续发展战略的实施具有重要的意义。

《北京统计年鉴2009》及市政统计资料提供了北京市水资源的有关信息。利用这些资料和你自己可获得的其他资料，讨论以下问题：

评价判定北京市水资源短缺风险的主要风险因子是什么？

影响水资源的因素很多，例如：气候条件、水利工程设施、工业污染、农业用水、管理制度，人口规模等。

建立一个数学模型对北京市水资源短缺风险进行综合评价，做出风险等级划分并陈述理由。

对主要风险因子，如何进行调控，使得风险降低？

对北京市未来两年水资源的短缺风险进行预测，并提出应对措施。

以北京市水行政主管部门为报告对象，写一份建议报告。

深圳也是我国严重缺水的城市。你们也可取代北京，对深圳水资源短缺风险进行相应地研究。

第十三章　随机服务系统数学模型

第一节　随机服务系统数学模型应用

排队是日常生活中经常遇到的现象。排队的目的是要求系统中的人或物为其服务，而一旦不能立即被服务就必然会形成排队。研究这些排队现象规律性的学科就是排队论，也被称为随机服务系统理论。

如果把要求服务的人或物称为顾客，把为顾客服务的人或物叫作服务机构（或者服务台）。顾客排队要求服务的过程或者现象称为排队系统或者服务系统。由于顾客到达的时刻与进行服务的时间一般来说都是随机的，所以服务系统又被称为随机服务系统。

虽然各种随机服务系统各不相同，但是他们都由三个共同部分组成：

输入过程，描述顾客来源以及顾客到达排队系统的规律。包括：顾客源中顾客的数量是有限还是无限；顾客到达的方式是单个到达还是成批到达；顾客相继到达的间隔时间分布是确定型还是随机型，分布参数是什么，是否独立，是否平稳。

排队规则，描述顾客排队等待的队列和接受服务的次序。包括：即时制还是等待制；等待制下队列的情况（单列还是多列，顾客能不能中途退出，多列时各列间的顾客能不能相互转移）；等待制下顾客接受服务的次序（先到先服务，后到先服务，随机服务，有优先权的服务）。

服务机构，描述服务台（员）的机构形式和工作情况。包括：服务台（员）的数目和排列情况；服务台（员）的服务方式；服务时间是确定型还是随机型，分布参数是什么，是否独立，是否平稳。

D.G.Kendall 在 1953 年提出了一种分类方法，按照系统的最主要、影响最大的三个特征要素进行分类，它们是顾客相继到达的间隔时间分布、服务时间的分布、并列的服务台个数。按照这三个特征要素分类的排队系统，用符号（称为 kendall 记号）表示为 $X/Y/Z$，其中 X 表示顾客相继到达的间隔时间分布、Y 表示服务时间的分布、Z 表示并列的服务台个数。如 M/M/1，表示顾客相继到达的间隔时间为负指数分布、服务时间为负指数分布、单服务台的模型。后来，1971 年在关于排队论符号标准化的会议上决定，将 Kendall 符号扩充为 $X/Y/Z/A/B/C$，其中前三项意义不变。A 处填写系统容量限制；B 处填写顾客源中的顾客数目；C 处填写服务规则（如先到先服务 FCFS，后到先服务 LCFS 等）。约定：如略去后三项，即指 $X/Y/Z/\infty/\infty/FCFS$ 的情形。

判断一个服务系统优劣的主要指标有以下几项：

队长，指在系统中的顾客数，它的期望值记作 L_s。排队长，指在系统中排队等待服务的顾客数，它的期望值记作 L_q。一般而言，L_s 或者 L_q 越大，说明服务质量越差。

逗留时间，指一个顾客在系统中的停留时间，它的期望值记作 W_s。等待时间指一个顾客在系统中排队等待的时间，它的期望值记作 W_q。逗留时间为等待时间与服务时间之和。

忙期，指从顾客到达空闲服务机构时起，到服务机构再次空闲时至这段时间的长度。即服务机构连续工作的时间长度，它关系到服务员的工作强度和服务质量。

以 $P_n(t)$ 表示在时刻 t，系统的状态为 n（即服务系统中的顾客数为 n）的概率。计算 $P_n(t)$ 的方法可以通过输入过程、排队规则、服务机构的具体情况建立关于 $P_n(t)$ 的微分方程。

怎样由 $P_n(t)$ 的微分方程求解 $P_n(t)$ 关系到排队问题能否最终解决。一般来说，方程的瞬态解是不容易求得的，即使求得也很难利用。为了简化问题，可以用令 $P'_n(t)=0$ 的办法求解。这样就把微分方程转化为差分方程，而不再包含微分项。这样意味着 $P_n(t)$ 被当作与时间 t 无关，因此也被称为稳态解。

所谓 M/M/1 型排队问题是指输入过程服从泊松过程（到达的间隔时间为负指数分布），服务时间服从指数分布，服务机构为单服务台。为了深入讨论 M/M/1 型排队模型，我们先对泊松流和指数分布的特点加以分析：

以 $N(t)$ 表示在时间区间 $[0, t)$ 内到达的顾客数，用 $P_n(t_1, t_2)$ 表示在时间区间 (t_1, t_2) 内有 n 个顾客到达的概率，即 $P_n(t_1, t_2) = P\{N(t_2) - N(t_1) = n\}$。

顾客到达所形成的顾客流服从泊松分布，是指 $P_n(t_1, t_2)$ 满足下述 3 个条件：

无后效性，在不相重叠的时间区间内，到达系统的顾客是相互独立的；

平稳性，对充分小的 Δt，在时间区间 $(t, t+\Delta t)$ 内，有一个顾客到达的概率与 t 无关，而约与 Δt 成正比，即

$$P_1(t, t+\Delta t) = \lambda \Delta t + o(\Delta t)$$

其中，λ 表示单位时间内平均到达的顾客数；

普通性，对充分小的 Δt，在时间区间 $(t, t+\Delta t)$ 内，有两个或两个以上顾客到达的概率很小，可以忽略不计，即

$$\sum_{n=2}^{\infty} P_n(t, t+\Delta t) = o(\Delta t)$$

由无后效性可得：$P_n(0, t) = P_n(t)$，再由平稳性、普通性可得，在 $(t, t+\Delta t)$ 内没有顾客到达的概率为：

$$P_0(t, t+\Delta t) = 1 - \lambda \Delta t + o(\Delta t)$$

注意到 $(t, t+\Delta t)$ 可分为 $(0, t)$ 和 $(t, t+\Delta t)$ 两部分，利用全概率公式可得：

$$P_n(t+\Delta t) = P_n(t)(1-\lambda \Delta t) + P_{(n-1)}(t)\lambda \Delta t + o(\Delta t)$$

两边同时除以 Δt，并令 $\Delta t \to 0$，便使得：

$$\begin{cases} \dfrac{dP_n(t)}{dt} - \lambda P_n(t) + \lambda P_{n-1}(t) \\ P_0(0) = 1 \end{cases}$$

其中，$P_n(0) = 0$ 为初始条件。当 $n=0$ 时，可得到：

$$\begin{cases} \dfrac{dP_0(t)}{dt} = \lambda P_n(t) \\ P_0(0) = 1 \end{cases}$$

用分离变量法先求出 $P_0(t)$，然后再通过递推法，便可得到

$$P_n(t) = \frac{(\lambda t)_{ij}}{n!} e^{-\lambda t}$$

当输入流是泊松流时，分析两个顾客相继到达的时间间隔 T 的概率分布。设 T 的分布函数 $F_T(t)$，那么：

$$F_T(t) = P\{T \leq t\} = 1 - P\{T > t\} = 1 - P_0(t) = 1 - e^{-\lambda t}$$

从而，顾客到达的时间间隔概率密度函数为：

$$f_r(t) = \frac{d}{dt} F_T(t) \lambda e^{-\lambda t}$$

所以，顾客到达的时间间隔 T 具有期望为 λ^{-1} 的指数分布。在这里，直观上也容易理解：若平均到达率为 λ，那么平均到达时间间隔必为 λ^{-1}。反过来，也可以证明：如果顾客到达的时间间隔是相互独立的，并且具有相同的指数分布，那么输入流必是泊松流。故输入流是泊松流与顾客到达的时间间隔服从指数分布是等价的。

此外，一个顾客的服务时间 v 也是一个随机变量，也就是忙期两个顾客相继离开系统的时间间隔，一般也服从指数分布，这可以通过前面类似的方法说明，只需把前面的输入流换成相同分布的输出流即可。设 v 的概率分布函数和密度分别如下：

$$\begin{cases} F_v(t) = 1 - e^{u} \\ f_v(t) = ue^{-u} \end{cases}$$

其中，μ 表示单位时间内被服务完的顾客数，也被称为平均服务率。

比值 $\rho = \lambda/\mu$ 有明确的含义，表示在相同时间区间内，顾客到达的平均数与被服务的顾客平均数之比；或者对相同的顾客数，服务时间之和的期望值与到达时间间隔之和的期望值之比。这个比值是刻画服务效率和服务机构利用程度的重要标志。称 ρ 为服务强度，显然，ρ 越小，服务质量越好。

在输入过程中，顾客有无限多个，而且彼此相互独立地单独到来，到达过程是平稳的，到达的顾客流服从泊松分布。服务规则要求单队，且队伍长度没有限制，先到先服务。服务机构为单服务台，对各个顾客的服务时间是相互独立的，且服从相同的指数分布。

设顾客的到达时间服从参数为 λ 的泊松分布，而服务时间服从参数为 μ 的指数分布，这样在时间区间 $(t, t+\Delta t)$ 内，有一个顾客到达的概率为 $\lambda\Delta t + o(\Delta t)$，没有顾客到达的概率为 $1 - \lambda\Delta t + o(\Delta t)$；当顾客接受服务时，一个顾客被服务完离去的概率为 $\mu\Delta t + o(\Delta t)$，没有顾客被服务完离去的概率为 $1 - \mu\Delta t + o(\Delta t)$。多于一个顾客的到达或者离去的概率为 $o(\Delta t)$。

$$P_n(t+\Delta t) = P_n(t)[[1-\lambda\Delta t+o(\Delta t)][(1-u\Delta t+o(\Delta t)] + P_n(t)[\lambda\Delta t+o(\Delta t)]$$

$$[(u\Delta t+o(\Delta t)] + P(n+1)(t)[1-\lambda\Delta t+o(\Delta t)][u\Delta t+o(\Delta t)] + P(n-1)(t)$$

$$[\lambda\Delta t+o(\Delta t)][1-u\Delta t+o(\Delta t)]$$

$$P_n(t+\Delta t) = P_n(t)(1-\lambda\Delta t-u\Delta t) + P(n+1)(t)u\Delta t + P(n-1)(t)\lambda\Delta t + o(\Delta t)$$

$$P_n(t+\Delta t) - P_n(t) = -P_n(t)(\lambda\Delta t+u\Delta t) + P(n+1)(t)u\Delta t + P(n-1)(t)\lambda\Delta t + o(\Delta t)$$

两边同时除以 Δt，并令 $\Delta t \to 0$，便使得：

$$\frac{dP_n(t)}{dt} = -\lambda P_n(t) + uP(n+1)(t) - (\lambda + u)P_n(t)$$

当 $n=0$ 时，类似地可得到：

$$\frac{dP_0(t)}{dt} = -\lambda P_0(t) + uP_1(t)$$

从 $dP_0(t)/dt=0$ 的稳态解，可以得到差分方程如下：

$$\begin{cases} -\lambda P_{n-1}(t) + uP_{n+1}(t) - (\lambda + u)P_n(t) = 0 \\ -\lambda P_0(t) + uP_1(t) = 0 \end{cases}$$

由此，便可以求得 P_n 的表达式如下：

$$P_n - (\frac{\lambda}{u})_n P_0 - \rho^n P_0$$

如果，我们设 $\rho = \dfrac{\lambda}{u} < 1$，且有条件 $\sum\limits_{n=0}^{\infty} P_n = 1$ 于是可以得到系统中 n 个顾客的概率：

$$\sum_{n=0}^{\infty} P_n = \sum_{n=0}^{\infty} \rho_n P_0 = \frac{P_0}{1-\rho} = 1$$

$$\begin{cases} P_0 = 1 - \rho \\ P_n = (1-\rho)\rho^n \end{cases}$$

例：银行服务系统评价

排队叫号机已经融入银行服务，但是最近在广州出现的银行不使用排队机进行叫号却让人感觉非常奇怪，以至于有时排队长达 10 米。到底是排队的效率高还是叫号的效率高呢？这是一个值得众多商家和用户思考的一个问题，如果我们使用了排队系统，反而降低了效率，那就适得其反了。

银行方面对此回应是排队比叫号效率高可避免"飞号"现象，但来办业务的众多老人都表示长久站立有些吃不消。某银行支行人士告诉记者，银行采用"叫号"服务是想减少储户排队之苦，还可避免储户信息外泄等。但是，在实际操作中他们发现，不少市民在拿到号后去买菜、逛商场，造成"飞号"现象频繁发生，甚至引起其他客户不满和不必要的纠纷。"有的一去不回，工作人员连叫数次无人应答；有的在错过叫号后又要求插队，常引起不少纷争。"

为了评价银行叫号系统与排队系统的服务效率，我们对银行的顾客到达情况进行了统计，统计了某银行大型网点约 4 个月（18 个完整周）全部工作日各时段顾客的到达总人数和一周内各天到达总人数分布。该银行的营业时间为 8：00am～6：00pm。

针对以上情形，请完成以下任务：从顾客满意率、银行成本、服务内容等出发，建立模型分析此网点应该如何设置服务窗口开放情况（可另行收集或合理假设需要的数据）。分析两种系统的服务效率（叫号服务系统、排队服务系统），你是否有更加合理的服务系统可以建议。

解题思路

顾客的到达近似是参数为 λ 的泊松流，则顾客到达的时间间隔序列独立，服从相同参数 λ 的负指数分布。

$$F(t) = 1 - e^{-\lambda t}$$

顾客的离开近似是参数为 μ 的泊松流，则顾客所需的服务时间序列独立，服从相同参数 λ 的负指数分布。

$$G(t) = 1 - e^{-\mu t}$$

由概率论知识可知，这两个负指数分布的期望值分别为其参数 λ，μ。所以可知参数 λ 的意义即为系统单位时间的平均到达率，参数 μ 的意义即为服务台单位时间的平均服务率。

时刻 t 系统中的顾客数为 $N(t)$，也为时刻系统的队列长。令经过 $\triangle t$ 时间队列长从 i 变到 j 的概率为：

$$p_{ij}(\triangle t) = \begin{cases} \lambda \triangle t + o(\triangle t), & j = i+1 \\ u \triangle t + o(\triangle t), & j = i-1 \\ o(\triangle t), & |i-j| \geq 2 \end{cases}$$

令 $\rho = \lambda / \mu$，称 ρ 为系统的服务强度。由生灭定理知，当 $\rho < 1$ 时系统是处于平衡稳定状态的，而模型就是以 $\rho < 1$ 这一平衡条件为前提条件的。

可用平均逗留时间 W_s 或平均等待时间 W_q 来衡量银行承诺与绩效之间的差距，以此作为满意度量化的重要指标。每个顾客都希望这段时间越短越好。同样需要确定这个随机变量的分布或至少能知道顾客最关心期待的等待时间域。传统排队理论认为所有到达的顾客都愿意一直等下去，直到服务终止，因而等待时间服从负指数分布。然而实际数据表明，顾客等待时间和放弃行为与等待耐心的程度有关。

假设系统中有 c 个服务台独立地并行服务，并且效率一样，当顾客到达时，若有空闲服务台便立刻接受服务，若没有空闲服务台，则排队等待。设顾客的平均等待时间为 t_0，则满足 $W_q = t_0$ 时有一 c 值，若 c 取 $[c]$ 时，平均等待时间太长（$t > t_1$）或 $\rho > 1$，则取 $[c]+1$；否则取 $[c]$。

行为学家发现，无序排队是影响客户流失的一条主要原因。等候超过 10min，情绪开始急躁；超过 20min，情绪表现厌烦；超过 40min，常因恼火而离去。行为学家的这一研究成果在中国工商银行调查中得到验证：让客户等 10min 的代价，是要流失 20% ~ 30% 的客户。求解中取顾客理想平均耐心等待时间为 $t_0 = 10\text{min}$，顾客平均等待时间极限为 $t_1 = 30\text{min}$。

在学校附近的中国工商银行网点进行调查统计得知服务台平均 3 分钟完成一个顾客的办理内容，取服务率为 $\mu = 0.35$。通过以理想等待时间为 10min 标准算出一个 c（此 c 可能为小数或整数）。根据此原则用 MATLAB 软件编程求解。

对于叫号排队系统，时刻 t 系统中的顾客数为 $N(t)$，也为时刻系统的队列长。令经过 $\triangle t$ 时间队列长从 i 变到 j 的概率为：

$$P_{ij}(\triangle t) = \begin{cases} \lambda \triangle t + o(\triangle t), & j = i+1 \\ u \triangle t + o(\triangle t), & j = i-1, \quad i < c \\ cu \triangle t + o(\triangle t) & j = i-1, \quad i \geq c \\ o(\triangle t), & |i-j| \geq 2 \end{cases}$$

令 $\rho=\lambda/\mu$，$\rho_c=\lambda/c\mu$ 由生灭定理知，$\rho_c<1$ 时排队系统稳定。

$$P_j = \begin{cases} \dfrac{1}{j!}\rho^j[\sum_{i=0}^{c-1}\dfrac{\rho^i}{i!} + \dfrac{c\rho^c}{c!(c-\rho)}]^{-1}, & j<c \\[4mm] \dfrac{1}{c^{j-c}c!}\rho^j[\sum_{i=0}^{c-1}\dfrac{\rho^i}{i!} + \dfrac{c\rho^c}{c!(c-\rho)}]^{-1}, & j\geq c \end{cases}$$

根据公式用 MATLAB 软件求解得到排队模型和叫号模型平均等待时间。得出结论：叫号系统比排队系统效率高。

例：眼科病床的合理安排

医院就医排队是大家都非常熟悉的现象，它以这样或那样的形式出现在我们面前，例如，患者到门诊就诊、到收费处划价、到药房取药、到注射室打针、等待住院等，往往需要排队等待接受某种服务。

该医院眼科门诊每天开放，住院部共有病床 79 张。该医院眼科手术主要分为四大类：白内障、视网膜疾病、青光眼和外伤。附录中给出了 2008 年 7 月 13 日至 2008 年 9 月 11 日这段时间里各类病人的情况。

白内障手术较简单，而且没有急症。目前该院是每周一、三做白内障手术，此类病人的术前准备时间只需 1 ~ 2 天。做两只眼的病人比做一只眼的要多一些，大约占 60%。如果要做双眼是周一先做一只，周三再做另一只。外伤疾病通常属于急症，病床有空时立即安排住院，住院后第二天便会安排手术。

其他眼科疾病比较复杂，有各种不同情况，但大致住院以后 2-3 天内就可以接受手术，主要是术后的观察时间较长。这类疾病手术时间可根据需要安排，一般不安排在周一、周三。由于急症数量较少，建模时这些眼科疾病可不考虑急症。

该医院眼科手术条件比较充分，在考虑病床安排时可不考虑手术条件的限制，但考虑到手术医生的安排问题，通常情况下白内障手术与其他眼科手术（急症除外）不安排在同一天做。当前该住院部对全体非急症病人是按照先到先服务 FCFS（First come，First serve）规则安排住院，但等待住院病人队列却越来越长，医院方面希望你们能通过数学建模来帮助解决该住院部的病床合理安排问题，以提高对医院资源的有效利用。

问题一：试分析确定合理的评价指标体系，用以评价该问题的病床安排模型的优劣。

问题二：试就该住院部当前的情况，建立合理的病床安排模型，以根据已知的第二天拟出院病人数来确定第二天应该安排哪些病人住院。并对你们的模型利用问题一中的指标体系做出评价。

问题三：作为病人，自然希望尽早知道自己大约何时能住院。能否根据当时住院病人及等待住院病人的统计情况，在病人门诊时即告知其大致入住时间区间。

问题四：若该住院部周六、周日不安排手术，请你们重新回答问题二，医院的手术时间安排是否应做出相应调整。

问题五：有人从便于管理的角度提出建议，在一般情形下，医院病床安排可采取使各类病人占用病床的比例大致固定的方案，试就此方案，建立使得所有病人在系统内的平均逗留时间（含等待入院及住院时间）最短的病床比例分配模型。

解题思路

排队论模型是通过数学方法定量地对一个客观复杂的排队系统结构和行为进行动态模

拟研究，科学准确地描述排队系统的概率规律，排队论是运筹学的分支学科。医院的病床安排系统如果进行科学的模拟和系统的研究，从而对病床安排和住院手术安排进行最优设计，以获得反映系统本质特征的数量指标结果，进行预测、分析或评价，最大限度地满足患者及家属的需求，将有效避免资源浪费现象。

问题所考虑的排队系统是一个抢占型优先权服务机制下多类排队网络，其服务窗口由79张病床组成，每个服务窗口有一个无限容量的等待缓存，接受服务的病人的病情各不相同，服务内容包括安排入院、进行手术和术后观察。

此系统具有如下特征：输入过程：各类顾客单个到达，形成一个顾客流，一定时间内患者到达服从泊松分布。服务时间：患者得到安排住院时间服从负指数分布。服务窗口：C 个床位代表 C 个窗口，窗口之间并联服务。排队规则：服从等待制和优先权服务，即当一个病患进入该系统时，如果该患者病种优先权等级比已经被安排床位的患者病种优先权等级高时，那个已经被安排床位但还没入院的患者将被终止服务直到比它优先权高的完成服务后，它才恢复未完成的服务。

各类患者病情不同：外伤（急症）病情比较紧急，需要首先安排入院，并要尽快进行手术，一般需要第二天进行手术；双眼白内障必须在间隔一天的三天内进行手术，且必需安排在周一和周三进行手术，术前准备时间一般为 1 ~ 2 天，最宜安排在周六和周日入院；单眼白内障也需在周一或周三进行手术，术前准备时间一般也为 1 ~ 2 天，宜安排在周六、周日、周一和周二入院；青光眼和视网膜疾病的手术时间都不能安排在周一和周三，其术前准备时间一般为 2 ~ 3 天，另外其术后观察时间比较长。根据患者病情不同，把四类患者分为急症、双眼白内障、单眼白内障、青光眼与视网膜疾病四个优先等级（从高到低）考虑，优先级类型用 m_i 标记。根据患者四个优先级类型建立抢占型优先权排队模型。

设同优先权等级类型的病人有相同的服务优先权，服从 FCFS 排队规则，当一个病患进入该系统时，如果该患者病种优先权等级比已被安排床位的患者病种优先权等级高时，那个已经被安排床位但还没入院的患者将被终止服务直到比他优先权高的完成服务后，他才恢复未完成的服务。

各优先权等级类型的病人的服务等级分别为：外伤（急症）m_1：只要有空床位就首先安排急症患者入院，安排其第二天进行手术。双眼白内障 m_2：优先权次于急症患者，只要最近的周六和周日有未安排的空位就安排其入院，如果是周六安排其入院，则相应的术前准备时间为 2 天；如果是周日安排其入院，则相应的术前准备时间为 1 天。单眼白内障 m_3：优先权次于双眼白内障患者，只要最近的周六、周日、周一和周二有未安排的空位就安排其入院，如果是周六和周一安排其入院，则相应的术前准备时间为 2 天；如果是周日和周二安排其入院，则相应的术前准备时间为 1 天。青光眼与视网膜疾病 m_4：优先权次于单眼白内障患者，只要最近日期有未安排的空位就安排其入院，如果是周六和周一安排其入院，则相应的术前准备时间为 3 天；其他时间内安排其入院相应的术前准备时间为 2 天。另外，从题中所给数据中可得出术后所需观察时间：外伤为 6 天、单眼白内障为 3 天、双眼白内障为 5 天、青光眼为 7 天、视网膜疾病为 10 天。随后，根据此模型安排入院时间和手术时间。

假设患者平均到达率为 λ，单个病床的平均服务率为 μ，整个机构平均服务率 C_μ，服务强度等于平均到达率与平均服务率之比 $\rho=\lambda/C_\mu$，P_n 为 C 个服务台在任意时刻有 n 个患者的概率，当平均到达为 λ，平均服务率为 C_μ 到达稳态系统时，得：

$$\begin{cases} P_0 = [\sum_{k=0}^{C-1} \dfrac{1}{k!}\rho^k + \dfrac{1}{C!}\dfrac{1}{1-\rho}\rho^C]^{-1} \\[3mm] P_n = \begin{cases} \dfrac{1}{n!}\rho_n P_0, & n<C \\[3mm] \dfrac{1}{C!C^{n-1}}\rho_n P_0, & n\geqslant C \end{cases} \end{cases}$$

当系统在平衡状态时，平均队长为：

$$L = \frac{\rho(C\rho)^C}{C!(1-\rho)^2}P_0 + \rho$$

患者在队伍中的平均逗留时间：

$$W = \frac{L}{\lambda} = \frac{\rho(C\rho)^C}{C!(1-\rho)_2\lambda}P_0 + \frac{1}{u}$$

服务台闲期的平均长度：

$$I = \frac{1}{\lambda}$$

忙期的平均长度：

$$B = Ll = \frac{1}{u-\lambda}$$

根据该住院部当前已知的情况拟出院患者数，对模型进行程序设计，求得患者安排住院方案。

经计算可知，服务强度 $\rho=0.0108 < 1$，主要数量指标如下：$L=0.8571$，$W=0.7143$。服务窗口空闲时间的概率 $P_i=0.1429$，繁忙时间的概率 $P_b=0.8571$。根据以上数据指标可得：病床 85.71% 的时间是处于被占用的，只有 14.29% 的时间是空闲的；系统中包括排队等候和正在接受服务的所有患者为 0.8571 人；患者在系统中平均逗留时间为 0.7143 天。

考虑周六和周日不做手术这种情形，由分析可知：首先，需避免入院后等待手术时间过长，如急症患者住院后第二天便会安排手术，则周五和周六不宜安排急症患者住院；其次，需尽可能缩短住院时间，如青光眼和视网膜疾病患者住院以后 2～3 天内就可以接受手术，但是术后的观察时间较长，而且一般不安排在周一、周三手术，所以青光眼和视网膜疾病患者不宜安排在周四和周五入院。由此考虑，周四时除急症外只安排给白内障患者住院，而周五时只安排给白内障患者住院。

本模型中还设计了对周六和周日不做手术这种特殊情况出现与不出现两种情形进行分别处理。若该住院部周六、周日不安排手术，则根据拟出院情况，求得病人安排住院方案，该模型中病床周转次数较快，床位效率指数较大。

计算服务强度 $\rho=0.008 < 1$，主要数量指标如下：$L=0.6316$，$W=0.5263$。服务窗口空闲时间的概率 $P_i=0.3684$，繁忙时间的概率 $P_b=0.6316$。

根据以上数据指标可得：病床 63.16% 的时间是处于被占用的，只有 36.84% 的时间是空闲的；系统中的患者数为 0.6316 人，包括排队等候的和正在接受服务的所有患者；患者在系统中平均逗留时间为 0.5263 天。

从便于管理的角度出发，在一般情形下，医院病床安排可采取按照各类病人占用病床的比例进行分类排队的方案。因为单眼白内障和双眼白内障病人所需住院时间不一样，把病人再细分为外伤、单眼白内障、双眼白内障、青光眼和视网膜疾病五类。设这五类病人的占用病床比例为 $x_1 : x_2 : x_3 : x_4 : x_5$。病人在系统内的平均逗留时间 T 主要由等待入院时间 ax_i、术前准备时间 bx_i 和术后观察时间 cx_i 决定。为了使得所有病人在系统内的平均逗留时间 T 最短，以 T 为目标函数，建立线性规划模型：

$$\min W = ax_i + bx_i + cx_i$$

首先，x_i 都不能超过 79 张，且 $x_1 : x_2 : x_3 : x_4 : x_5$ 的和为 79；其次，考虑不同病症的病情、手术时间安排和术后观察时间长度等情况各不相同，术前准备时间长和术后观察时间长的病症因为病床周转慢，所以应多分配占用多一些床数，统计 2008 年 7 月 13 日到 2008 年 9 月 11 日的患者信息表，由表中可以得出 $x_2 < x_4 < x_1 < x_3 < x_5$。于是得出线性规划模型：

$$\min W = ax_i + bx_i + cx_i$$
$$\text{s.t.} \begin{cases} x_2 < x_4 < x_1 < x_3 < x_5 \\ \sum_{i=1}^{5} x_i = 79 \\ 0 < x_i < 79 \end{cases}$$

根据平均逗留时间最短优化，得到各类病人占用病床的比例 x_1，x_2，x_3，x_4，x_5 进行分配床数。根据这个床位占用比例建立分类排队模型。每一类病症作为一个独立的排队模型，按照 FCFS 的规则进行排队安排服务。

对线性规划模型用 LINGO 求解得到：

$$x_1 : x_2 : x_3 : x_4 : x_5 = 12 : 7 : 14 : 10 : 36$$

根据拟出院情况，对分类排队模型用 MATLAB 求解，得到病人安排住院方案，该模型中病床周转次数较快，且床位效率指数较大。

计算服务强度 $\rho = 0.0108 < 1$，主要数量指标如下：$L = 0.8571$，$W = 0.7143$。服务窗口空闲时间的概率 $P_i = 0.1429$，繁忙时间的概率 $P_b = 0.8571$。

根据以上数据指标可得：病床 85.71% 的时间是处于被占用的，只有 14.29% 的时间是空闲的；系统中的患者数为 0.8571 人，包括排队等候的和正在接受服务的所有患者；患者在系统中平均逗留时间为 0.7143 天。

第二节 思 考

随着 2001 年 9 月 11 日美国恐怖袭击的发生，世界范围内的机场都极大地加强了安检力度。机场有安检口用于扫描乘客以及他们的行李，检查是否有爆炸物及其他危险物品。这些安检措施的目的是为了防止乘客劫持或摧毁飞机，并保证所有乘客的旅途安全。但是，航空公司在通过最小化乘客排队安检以及等待飞机的时间使乘客拥有一个良好的飞行体验方面有着既定的利益。因此，在加强安检的同时，最小化给乘客带来不变的这个期望导致了一个紧张局面的产生。

2016 年间，超长时间的航线（尤其是在芝加哥奥黑尔国际机场的）受到了美国运输安全管理局（TSA）的强烈指责。随着公众关注度的提高，TSA 投入了一定资金用于改进他们的安检设备及过程，并在拥挤的机场增派了员工。虽然这些改进有效地减少了等待时间，但是 TSA 执行这些新的措施、增加新员工付出的代价有多大仍未可知。除了奥黑尔机场的问题，其他机场（包括那些等待时间通常很短暂的机场）同样会产生原因不明、无法预测的长航线事故。排队安检队伍之间差异对乘客来说代价可能会很大，因为他们不知道自己是到得过早了，还是很有可能错过自己的飞机。

TSA 联系了内部控制管理团队，为了确定分散客流量的可能瓶颈来审查机场安检口及员工。他们对既能增加安检口客流量又能减少等待时间之间的差异的创造性解决办法尤其感兴趣，这一切都在保证原有的安保标准的前提下进行。

美国安检口目前的流程如下：A 区：乘客随机抵达安检口并排队等待安检员检查他们的身份证与登机文件。B 区：乘客随机移动到下一个开放的检查队伍，根据机场的预计活动水平开放相应的队伍。一旦乘客抵达队伍最前端，他们就要准备将自己的行李进行 X 光检查。乘客必须脱掉鞋子、皮带、夹克衫，拿出电子产品、液体容器并将他们放在一个箱子里进行单独的 X 光检查；手提电脑与某些医疗设备同样需要从包里拿出来并放在另一个箱子里。乘客的所有物品，包括以上提到的放置在箱子里的物品，都由传送带移动通过一台 X 光仪器，某些物品被分拣出来另外检查或由安检员搜查。C 区：与此同时，乘客要经过一台微波扫描仪或是金属探测器。未通过这一步骤的乘客会由安检员进行全身拍摸检查。D 区：乘客随即前进到 X 光仪器另一边的传送带收集自己的行李并离开安检区域。

将近 45% 的乘客注册了一个为可信赖乘客发起的称为预检的项目。这些乘客支付 85 美元接受背景调查，并享受为期五年的单独检查过程。一般每三个普通通道就会有一个预检通道，虽然使用预检流程的乘客较多。预检乘客和他们的行李通过的是一样的检查流程，只是在加快检查速度的设计上做出了一些改进。预检乘客同样需要移除电子与医疗设备及液体以待检查，但是无须脱下鞋子、皮带以及薄外套，他们同样不需要将电脑从包里取出来。

你的具体任务是：研制一个或多个模型供你探讨通过安检口的客流量并确定瓶颈。清楚指出当前流程中存在哪些问题区域。为增大客流量、减少等待时间的差异研制出两个或多个可能的改进方法。将这些改变模型化以便说明你的改进是如何影响过程的。

第十四章　统计分析数学模型

面对含有大量数据的实际问题时，往往需要或可以利用多元统计分析的方法去处理这些数据，建立多元统计数学模型。多元统计分析是运用数理统计方法来研究多指标问题的理论和方法。在采用多元统计分析进行数据处理、建立宏观或微观系统模型时，一般可以研究以下几个方面的问题：

1. 简化系统结构、探讨系统内核。可采用主成分分析、因子分析、对应分析等方法，在众多因素中找出各个变量最佳的子集合，用这个子集中所包含的信息来描述整个多变量的系统结果及各个因子对系统的影响。"从树木看森林"，抓住主要矛盾，把握主要矛盾的主要方面，舍弃次要因素，以简化系统的结构，认识系统的内核。

2. 构造预测模型，进行预报控制。在自然和社会科学领域的科研与生产中，探索多变量系统变化的客观规律及其外部环境的关系，进行预测预报，以实现对系统的最优控制，是应用多元统计分析的主要目的。用于预报控制的模型有两大类：一类是预测预报模型，通常采用多元回归分析、判别分析、双重筛选逐步回归分析等建模技术；另一类是描述性模型，通常采用聚类分析的建模技术。

3. 进行数值分类，构造分类模式。在多变量系统的分类中，往往需要将系统性质相似的事物或现象归为一类。以便找出他们之间的联系和内在规律性。过去许多研究多是按照单因素进行定性处理，以致处理结果反映不出系统的总特征。进行数值分类，构造分类模式一般采用聚类分析和判别分析技术。

如何选择适当的方法来解决问题，需要对问题进行综合考虑。对一个问题可以综合运用多种统计方法进行分析。但是由于数据量较大，目前一般都可以通过软件加以实现。专用的数理统计软件主要有以下几种：SAS、SPSS 和 DPS，通过输入数据，对数据进行一些指定操作就可以得到分析结果，而且容易掌握。因此适合各个专业的学生进行学习。当然，也可以通过 MATLAB 或者 C++ 进行求解。

第一节　聚类分析数学模型

聚类分析（又称群分析）是研究样品（或指标）分类问题的一种多元统计法。主要方法有：系统聚类法、有序样品聚类法、动态聚类法、模糊聚类法、图论聚类法、聚类预报法等。这里主要介绍系统聚类法。

根据事物本身的特性研究个体分类的方法，原则是同一类中的个体有较大的相似性，不同类间的个体差异很大。根据分类对象的不同，分为样品（观测量）聚类和变量聚类两种。样品聚类是对观测量（Case）进行聚类（不同的目的选用不同的指标作为分类的依据）；变量聚类是找出彼此独立且有代表性的自变量，而又不丢失大部分信息。

按照远近程度来聚类需要明确两个概念：一个是点和点之间的距离，另一个是类和类之间的距离。点间距离有很多定义的方式，最简单的是欧氏距离，还有其他的距离，比如相似度等。两点相似度越大，就相当于距离越短。由一个点组成的类是最基本的类，如果每一类都由一个点组成，那么点间距离就是类间距离。但如果某一类包含不止一个点，那么就要确定类间距离。比如两类之间最近点之间的距离可以作为这两类之间的距离，也可以用两类中最远点之间的距离作为这两类之间的距离，当然还可以用各类的中心之间的距离作为类间距离。在计算时，各种点间距离和类间距离的选择可以通过统计软件的选项来实现。不同选择的结果会不同。

Q 型聚类分析常用的距离

记第 i 个样品 X_i 与第 j 个样品 X_j 之间距离 $d\left(X_i, X_j\right) \triangleq d_{ij}$，它满足以下条件：

$$\begin{cases} d_{ij} \geq 0, d_{ij} = 0 \Leftrightarrow X_i = X_j \\ d_{ij} = d_{ji} \\ d_{ij} \leq d_{it} + d_{ij} \end{cases}$$

通过计算可得一对称矩阵 $D = \left(d_{ij}\right)_{n \times n}$，$d_{ii} = 0$。$d_{ij}$ 越小，说明 X_i 与 X_j 越接近。可以用作这里的距离有很多，常用的距离有以下三种：

绝对值距离：

$$d_{ij} = \sum_{a=1}^{p} | X_{\bar{a}x} - X_{ja} |$$

欧氏距离：

$$d_{ij} = \sqrt{\sum_{a=1}^{p} (X_{\bar{a}x} - X_{ja})^2}$$

马氏距离：$d_{ij} = \left(X_i - X_j\right)' \Sigma^{-1} \left(X_i - X_j\right)$（$\Sigma$ 为指标协差阵）

R 型聚类分析常用的相似系数

如果 c_{ij} 满足以下三个条件，则称其为变量 X_i 与 X_j 的相似系数：

$$\begin{cases} | c_{ij} | \leq 1 \\ | c_{ij} | = 1 \Leftrightarrow X_i = aX_j \\ c_{ij} = c_{ji} \end{cases}$$

$|c_{ij}|$ 越接近于 1，则 X_i 与 X_j 的关系越密切。

常用的相似系数有以下两种：

夹角余弦（向量内积）：

$$\cos \theta_{ij} = \frac{\sum_{a=1}^{n} X_{ai} X_{aj}}{\sqrt{\sum_{a=1}^{n} X_{ai}^2} \sqrt{\sum_{a=1}^{n} X_{aj}^2}}$$

相关系数：

$$r_{ij} = \frac{\sum\limits_{a=1}^{n}(X_{ai} - \bar{X}_i)(X_{aj} - X_j)}{\sqrt{\sum\limits_{a=1}^{n}(X_{ai} - \bar{X}_i)^2}\sqrt{\sum\limits_{a=1}^{n}(X_{aj} - \bar{X}_j)^2}}$$

聚类过程可以描述为：选取一种距离或相似系数作为分类统计量；计算任何两个样品 X_i 与 X_j 之间的距离或相似系数排成一个距离矩阵或相似系数矩阵；规定一种并类规则（距离：越小越接近，相似系数：越大越接近）。

类与类之间距离定义法不同，产生了不同的系统聚类法：最短距离法、最长距离法、中间距离法、重心法、类平均法、可变类平均法、可变法、离差平方和法。他们的定义如下：

● 最短距离法：类之间距离为两类最近样品之间的距离。

● 最长距离法：类之间距离为两类最远样本之间的距离。

● 中间距离法：类与类之间的距离既不采用两者之间的最短距离也不采用两者之间的最长距离，而是采用两者之间的中间距离。

● 重心法：从物理观点看，类与类之间的距离可以用重心（该类样品的均值）之间的距离来代表。

● 类平均法：类重心法未能充分利用各样品的信息，为此可将两类之间距离平方定义为这两类元素两两元间的距离平方平均。

聚类可以通过软件 SPSS 实现，下面将结合实例介绍一些实现的简单步骤。

例：蠓虫的分类

两种蠓虫 Af 和 Apf 已由生物学家 W.L.Grogna 和 W.W.Wirth（1981 年）根据它们的触角长和翼长加以区分。现给出 9 只 Af 蠓和 6 只 Apf 蠓的数据表，根据给出的触角长和翼长识别出一只标本是 Af 还是 Apf 是重要的。给定一只 Af 族或 Apf 族的蠓虫，你如何正确地区分它属于哪一族？将你的方法用于触角长和翼长分别为（1.24，1.80），（1.28，1.84），（1.40，2.04）的三个标本。设 Af 是传粉益虫，Afp 是某种疾病的载体，是否应该修改你的分类方法，若需修改，如何改？

解题思路

考虑"蠓虫的分类"，对原来的 15 个学习样本进行重新分类，利用系统聚类分析的方法，把原来 15 个样本按样本的"接近程度"分成 5 类，下面将介绍 SPSS 软件如何实现这个问题。首先打开 SPSS 软件，建立数据文件。触角长和翼长分别用 x_1 和 x_2 表示。

从 Analyze 菜单 → Classify → Hierarchical Cluster 项，弹出 Hierarchical Cluster 对话框。从对话框左侧的变量列表中选择 x_1、x_2，点击向右的箭头按钮使之进入 Variable 框。在 Cluster 处选择聚类类型，其中 Cases 表示观察对象聚类，Variables 表示变量聚类，本例选择"Cases"。点击"Statistics"按钮，弹出 Hierarchical Cluster Analysis：Statistics 对话框，选择"Proximity matrix"，要求显示欧式不相似系数平方矩阵。点击"Continue"按钮返回 Hierarchical Cluster Analysis 对话框。本例要求系统输出聚类结果的树状关系图，故点击 Plots 按钮弹出 Hierarchical Cluster Analysis：Plot 对话框，选择"Dendrogram"项。点击 Continue 按钮返回 Hierarchical Cluster Analysis 对话框。

点击 Method 按钮弹出 Hierarchical Cluster Analysis：Method 对话框，系统提供了 7 种

聚类方法供用户选择，本例选择"Within-groups linkage"。选择距离测量技术时，系统提供了 8 种形式供用户选择，本例选择"Minkowski"。点击 Continue 按钮返回 Hierarchical Cluster Analysis 对话框，再点击 OK 按钮即完成分析。

在运行 SPSS 后，可以得到以下结果。共有 15 例样本进入聚类分析，采用绝对幂测量技术。先显示各变量间的相关系数，这对于后面选择典型变量是十分有用的，然后显示合并进程。

蠓虫可以分为五类，它们分别为 {1，3，6，2}，{7，8，4，5}，{9}，{10}，{13，14，15，11，12}。从图中可以发现，标号为 9 的蠓虫最为特别，从数据中也可以看出。

如果分别把每个新样本加入，用 16 个数据进行聚类，分别可以得到 3 张聚类谱系图。加入样本（1.24，1.80）属于 Apf 族，得到聚类谱系图，加入样本（1.28，1.84）属于 Apf 族，得到聚类谱系图。而样本（1.40，2.04）比较独立，不能判定，得到聚类谱系图。

Matlab 源程序

```
Y = pdist(qqq);
z = linkage(Y);
[H, T] = dendrogram(z);
```

第二节　回归分析数学模型

回归分析（Regression Analysis）是确定两种或两种以上变量间相互依赖的定量关系的一种统计分析方法，运用范围十分广泛。回归分析按照涉及的自变量数量，可分为一元回归分析和多元回归分析；按照自变量和因变量之间的关系类型，可分为线性回归分析和非线性回归分析。如果在回归分析中，只包括一个自变量和一个因变量，且两者的关系可用一条直线近似表示，这种回归分析被称为一元线性回归分析。如果回归分析中包括两个或两个以上的自变量，且因变量和自变量之间是线性关系，则被称为多重线性回归分析。在第六章中所提及的拟合可以被视为回归分析的一种特殊形式。

经典的一元线性回归可以表示如下：

$$y=\beta_0+\beta_1 x+\varepsilon$$

其中，β_0 与 β_1 为回归系数，ε 为随机误差项，总是假设 $\varepsilon \sim N(0, \sigma^2)$。

经典的多元线性回归可以表示如下：

$$y=\beta_0+\beta_1 x_1+...+\beta_m x_m+\varepsilon$$

其中，β_0，β_1，$\cdots$，β_m 表示回归系数，ε 为随机误差项，总是假设 $\varepsilon \sim N(0, \sigma^2)$。它们都是与 x_1，x_2，$\cdots$，x_m 无关的未知参数。

回归分析的理论求解方法以最小二乘法为主，一般在《多元统计分析》或者《概率论与数理统计》等教材中均有所提及。

相关分析研究的是现象之间是否相关、相关的方向和密切程度，一般不区别自变量或因变量。而回归分析则要分析现象之间相关的具体形式，确定其因果关系，并用数学模型来表现其具体关系。比如说，从相关分析中我们可以得知，"质量"和"用户满意度"变量密切相关，但这两个变量之间到底是哪个变量受哪个变量的影响以及影响程度如何，则需要通过回归分析方法来确定。

一般来说，回归分析是通过规定因变量和自变量来确定变量之间的因果关系，建立回归模型，并根据实测数据来求解模型的各个参数，然后评价回归模型是否能够很好地符合实测数据的。如果能够很好地符合，则可以根据自变量做进一步预测。采用回归分析的方法进行预测一般有以下几个步骤：

（1）确定变量

明确预测的具体目标，也就确定了因变量。如果预测具体目标是下一年度的销售量，那么销售量就是因变量。通过市场调查和查阅资料，寻找与预测目标的相关影响因素，即自变量，并从中选出主要的影响因素。

（2）建立预测模型

依据自变量和因变量的历史统计资料进行计算，在此基础上建立回归分析方程，即回归分析预测模型。

（3）进行相关分析

回归分析是对具有因果关系的影响因素（自变量）和预测对象（因变量）所进行的数理统计分析处理。只有当自变量与因变量确实存在某种关系时，建立的回归方程才有意义。因此，作为自变量的因素与作为因变量的预测对象是否有关，相关程度如何，以及判断这种相关程度的把握性，就成为进行回归分析必须要解决的问题。进行相关分析需要求出相关关系，以相关系数的大小来判断自变量和因变量的相关程度。

（4）计算预测误差

回归预测模型是否可用于实际预测，取决于对回归预测模型的检验和对预测误差的计算。回归方程只有通过各种检验，且预测误差较小，才能将回归方程作为预测模型进行预测。

（5）确定预测值

利用回归预测模型计算预测值，并对预测值进行综合分析，确定最后的预测值。

检验回归方程效果的指标有很多，常见的指标有残差的样本方差（MSE）、总变异平方和（SST）、可解释变异平方和（SSR）、残差变异平方和（SSE）、拟合优度、F 统计量等。

$$MSE = \frac{1}{n-2} \sum_{i=1}^{n} (e_i - \overline{e})^2$$

$$SST = \sum_{i=1}^{n} (y_i - \overline{y})^2, SSR = \sum_{i=1}^{n} (\overline{y}_i - \overline{y})^2, SSE = \sum_{i=1}^{n} (y_i - \overline{y})^2$$

$$R^2 = SSR / SST \qquad F = \frac{SSR}{\dfrac{1}{\dfrac{SSE}{n-2}}} \sim F(1, n-2)$$

其中，e_i 表示某个点的残差，表示平均残差，n 表示实验数据量。一个好的回归方程，其残差总和应越小越好。

对于一个确定的样本，总变异平方和是一个定值。所以，可解释变异平方和越大，则必然有残差变异平方和越小。可解释变异平方和越大说明回归方程对原数据解释得越好。

采用线性回归时，曾假设数据总体符合线性正态误差模型，并可以进行显著性检验。回归方程的假设检验包括两个方面：一个是对模型的检验，即检验自变量与因变量之间的关系能否用一个线性模型来表示，这可以由 F 检验来完成；另一个检验是关于回归参数的检验，即当模型检验通过后，还要由 t 检验每一个自变量对因变量的影响程度是否显著。在一元线性回归分析中，由于自变量的个数只有一个，这两种检验的效果完全等价。但在多元线性回归分析中，这两个检验的意义并不相同。从逻辑上说，一般常在 F 检验通过后，再进一步进行 t 检验。

在线性回归分析中，当经过显著性检验发现 xi 与 y 线性关系很弱时，应当从回归方程中剔除，然后重新开始回归分析。在统计学里，对因子 x_1，x_2，$\cdots$，x_m 逐个进行检验，确认它在方程中的作用显著程度，然后从大到小逐次引入变量到方程中，并及时进行检验，去掉作用不显著的因子，依次循环，直至无因子可以进入方程，亦无因子从方程中剔除。这个方法被称为最优逐步回归法。

除了经典的线性回归模型之外，还存在大量的非线性回归模型。这里就不多做介绍，这些都可以在 *SPSS* 中实现。

例：学评教评价问题

为了掌握学生学习高等数学的情况，教学管理人员拟定了一份调查问卷，分别对一年级 12 个班的学生进行问卷调查。需要根据调查数据解决下面的问题：从总体上分析学生的学习状况；建立一定的标准，对调查的教学班进行分类；从学习态度、学习方法、师资水平等方面进行量化分析。

解题思路

首先，打开 SPSS 软件输入数据，定义平均分为因变量 Y，学习态度、学习方法、师资水平依次为自变量 x_1、x_2、x_3。

然后从菜单 Analyze → Regression → Linear，打开 Linear 线性回归主对话框。在左边的源变量栏中，选择 Y 作为因变量进入 Dependent 栏中。选择 x_1 到 x_3 作为自变量进入 Independent（s）栏中。在 Method 栏中选择"Enter"。其余使用默认选项单击"OK"按钮运行。

最后可以得到回归方程如下：$y=0.378x_1+0.268x_2+0.353x_3+0.001$。

线性回归的 SPSS 过程如下：

1. 线性回归主对话框

（1）从 Analyze → Regression Linear，打开 Linear 线性回归主对话框。

（2）在左侧的源变量栏中选择一个数值变量作为因变量进入 Dependent 栏中，选择一个或更多的变量作为自变量进入 Independent（s）栏中。

（3）如果要对不同的自变量采用不同的引入方法（例如对某两个变量用强迫引入法对其他自变量用向前引入法），可利用 Previous（前）与 Next（后）按钮把自变量归类到不同的自变量块中（Block），然后对不同的变量子集选用不同的引入方法（Method）。

（4）在 Method 方法选择框中确定一种建立回归方程的方法，有 5 种方法可供选择：

Enter（强迫引入法为默认选择项）：定义的全部自变量均引入方程。

Remove（强迫剔除法）：定义的全部自变量均删除。

Forward（向前引入法）：自变量由少到多一个一个引入回归方程，直到不能按检验水准引入新的变量为止。该法的缺点是：当两个变量一起时效果好，单独时效果不好，有可能只引入其中一个变量，或两个变量都不能引入。

Backward（向后剔除法）：自变量由多到少一个一个从回归方程中剔除，直到不能按检验水准剔除为止，此方法能克服向前引入法的缺点。当两个变量一起时效果好，单独时效果不好，该法可将两个变量都引入方程。

Stepwise（逐步引入—剔除法）：将向前引入法和向后剔除法结合起来，在向前引入的每一步之后都要考虑从已引入方程的变量中剔除作用不显著者，直到没有一个自变量能引入方程和没有一个自变量能从方程中剔除为止。缺点同向前引入法，但选中的变量比较精悍。

（5）为弥补各种选择方法和各种标准的局限性，不妨分别用各种方法和多种引入或剔除处理同一问题，若一些变量常被选中，它们就值得被重视。

（6）容差（Tolerance）：是不能由方程中其他自变量解释的方差所占的构成比。所有进入方程的变量容差必须大于默认的容差水平值（Tolerance：0.0001）。该值愈小，说明该自变量与其他自变量的线性关系愈密切。该值的倒数为方差膨胀因子（Variance Inflation Factor），当自变量均为随机变量时，若它们之间高度相关，则称自变量间存在共线性。在多元线性回归时，共线性会使参数估计不稳定。逐步选择变量是解决共线性的方法之一。

（7）Selection variable（选择变量）：可从源变量栏中选择一个变量，单击 Rule 后，通过该变量大于、小于或等于某一数值，选择进入回归分析的观察单位。

2.Statistics（统计）对话框

单击 Statistics 按钮，进入统计对话框。

Estimates（默认选择项）：回归系数的估计值（B）及其标准误（Std.Error）、常数（Constant）；标准化回归系数（Beta）；B 的 t 值及其双尾显著性水平（Sig.）。

Model fit（默认选择项）：列出进入或从模型中剔除的变量；显示下列拟合优度统计量；复相关系数、判定系数、调整 R_2（Adjusted R Square）、估计值的标准误以及方差分析表。

Confidence intervals：回归系数 B 的 95% 可信区间（95%Confidence interval for B）。

Descriptives：变量的均数、标准差、相关系数矩阵及单尾检验。

Covariance matrix：方差 - 协方差矩阵。

R squared change：判定系数和 F 值的改变，以及方差分析 P 值的改变。

Part and partial correlations：显示方程中各自变量与因变量的零阶相关（Zero-order，即 Pearson 相关）、偏相关（partial）和部分相关（part）。进行此项分析要求方程中至少有两个自变量。

Collinearity diagnostic（共线性诊断）：显示各变量的容差（Tolerance）、方差膨胀因子（VIC Variance Inflation Factor）和共线性的诊断表。

Durbin-Waston：用于残差分析。

Casewise diagnostic：对标准化残差（均数 =0，标准差 =1 的正态分布）进行诊断，判断有无奇异值（Outliers）。Outliers 显示标准化残差超过 n 个标准差的奇异值，n=3 为默认值。All Cases 显示每一例的标准化残差、实测值和预测值残差。

3.Plots 图形对话框

（1）单击 Plots 按钮对话框，Plots 可帮助分析资料的正态性、线性和方差齐性，还可帮助检测奇异值或异常值。

（2）散点图：可选择如下任何两个变量为 Y（纵轴变量）与 X（横轴变量）作图。为获得更多的图形，可单击 Next 按钮来重复操作过程。DEPENDENT：因变量；*ZPRED：标准化预测值；*ZRESID：标准化残差；*DRESID：删除的残差；ADJPRED：调整残差；

SRESID：Student 氏残差；SDRESID：Student 氏删除残差。

（3）Standardized Residual Plots 标准化残差图：Histogram 标准化残差的直方图，并给出正态曲线；Normal probability plot 标准化残差的正态概率图（P-P 图）。

（4）Produce all partial plots：偏残差图。

4.Save（保存新变量）对话框

（1）单击 Save 按钮对话框，每项选择都会增加新变量到正使用的数据文件中。

（2）预测值（Predicted Values）：Unstandardized 为未标准化的预测值，简称预测值（新变量为 Pre1）；Standardized 为标准化的预测值（新变量为 Zpr1）；S.E.of mean predictions 为预测值的标准误（新变量为 Sep_1）。

（3）残差（Residuals）：Unstandardized 未标准化残差（新变量为 Res1）；Standardized 标准化残差（新变量为 Zre_1）。

（4）预测区间估计（Prediction Intervals）：

Mean：是总体中当 X 为某定值时预测值的均数的可信区间（新变量 lmci1 为下限，umci1 为上限）。

Individual：个体 Y 值的容许区间。即总体中，当 X 为某定值时，个体 Y 值的波动范围（新变量 $lici_1$ 为下限，$uici_1$ 为上限），Confidence：可信区间。默认为 95% 的可信区间，但用户可以自己设定。

5.Options 选择项对话框

（1）单击 Option 按钮打开 Options 对话框。

（2）逐步方法准则（Stepping Method Criteria）：

使用 F 显著水平值（Use probability of F）：当候选变量中最大 F 值的 P 值小于或等于引入值（默认：0.05）时，引入相应的变量；已进入方程的变量中，最小 F 值的 P 值大于或等于剔除值（默认：0.10）时，剔除相应的变量。所设定的引入值必须小于剔除值，用户可设定其他标准，如引入 0.10，剔除 0.11，放宽变量进入方程的标准。

使用 F 值（Use F value）含义同上。

Include constant in equation：线性回归方程中含有常数项。

（3）缺失值（Missing Value）的处理方法：串列删除缺失值（Exclude cases listwise）；成对删除缺失值（Exclude cases pairwise）；以平均数代替缺失值（Replace with mean）。

6.WLS（Weight Least Squares）按钮

（1）利用加权最小平方法给予观测量不同的权重值，它或许用来补偿采用不同测量方式时所产生的误差。

（2）单击 WLS 按钮，出现确定加权变量框。将左侧源变量框中的加权变量选入 WLS Weight 框中。

除了 SPSS 软件外，MATLAB 软件也有多种方式可以实现回归分析。上题的 MATLAB 源程序如下：

```
[b,bint,r,rint,stats] = regress(Y,X);
rcoplot(r,rint)
```

程序中的 b 和 bint 为回归系数估计值和它们的置信区间，r 和 rint 为残差（向量）及其置信区间，stats 是用于检验回归模型的统计量。stats 有四个数值，第一个是判定系数，第二个是 F 检验值，第三个是与 F 值对应的概率，第四个是残差的方差。

除了 regress 命令外，MATLAB 统计工具箱提供了一个多元二项式回归的命令 rstool，它产生一个交互式画面并输出有关信息，用法是 rstool（x，y，model，alpha）。其中输入数据 x，y 分别为 $n \times m$ 矩阵和 n 维向量，alpha 为显著性水平（缺省时设定为 0.05），model 从下列 4 个模型中选择 1 个（缺省时设定为线性模型）：

Linear：$y = \beta_0 + \beta_1 x_1 + \dots + \beta_m x_m$

Purequadratic：$y = \beta_0 + \beta_1 x_1 + \dots + \beta_m x_m + \sum_{i=1}^{m} \beta_{ij} x_j^2$

Interaction：$y = \beta_0 + \beta_1 x_1 + \dots + \beta_m x_m + \sum_{1 \le j < k \le m} \beta_{jk} x_j x_k$

Quadratic：$y = \beta_0 + \beta_1 x_1 + \dots + \beta_m x_m + \sum_{1 \le j < k \le m} \beta_{jk} x_j x_k$

例：农作物用水量预测及智能灌溉方法

随着水资源供需矛盾的日益加剧，发展节水型农业势在必行。智能灌溉应用先进的信息技术实施精确灌溉，以农作物实际需水量为依据，提高灌溉精确度，实施合理的灌溉方法，进而能够提高水的利用率。

灌溉水利用系数是指在一次灌水期间被农作物利用的净水量与水源渠首处总引进水量的比值，它是衡量灌区从水源引水到田间作用吸收利用水的过程中水利用程度的一个重要指标，也是集中反映灌溉工程质量、灌溉技术水平和灌溉用水管理的一项综合指标，是评价农业水资源利用率，指导节水灌溉和大中型灌区续建配套及节水改造健康发展的重要参考。据有关部门统计分析，我国灌区平均水利用系数仅为 0.45，节水仍有较大空间。

按照经济学的观点，灌溉水量是农业生产中的生产资源的投入量，而作物产量是农业产品的产出量，因此作物产量与水分之间存在着一种投入与产出的数学关系，这种关系被称为水分生产函数。作物水分生产函数的单因子模型中自变量的形式可以为灌水量、实际腾发量、土壤含水量等，因变量的形式可以为作物产量、平均产量、边际产量等。若以 W 为自变量，水分生产函数的特征曲线一般可分三个阶段：第一阶段为报酬递增阶段，但没有发挥生产潜力；第二阶段为报酬递减阶段；第三阶段边际产量为负，为不合理的生产行为。

作物水分生产函数无论对节水灌溉的区域规划和系统评估，还是非充分灌溉的应用均具有深刻意义。非充分灌溉是指在灌溉水不能完全满足作物的生长发育全过程需水量的情况下，以作物水分生产函数为理论依据，将有限的水科学合理（非足额）安排在对产量影响比较大，并能产生较高经济价值的需水临界期供水，从而建立合理的水量与产量关系及分配模式，在水分利用效率、产量、经济效益三个方面寻求有效均衡，实现经济效益最大化。然而由于作物各生育阶段水分对产量影响的机理甚为复杂，目前尚难用严格准确的物理方程来描述。

作物的全生育期可以分为若干个生育阶段，以水稻为例，可以分为返青、分蘖、拔节孕穗、抽穗开花、乳熟、黄熟 6 个生育阶段。不同阶段灌溉水量不足均会对最终的产量有影响。基于表中的数据，利用相关材料，选取某类优化算法，寻求最优的作物水分生产函数模型，得到各阶段的蒸发蒸腾量（可以理解为灌水量）与最终产量之间的关系。给出详细过程，并将所得结果与常见的机理模型做对比。

解题思路

分阶段水分生产函数模型中的加法模型将各阶段缺水对产量的影响进行了叠加，比全生育期水分生产函数模型有一定的改进，且形式简单，易于建立数学模型进行多阶段优化。但加法模型存在两个明显缺陷：一是对实际情况中 Y_a/Y_m 与 ET_a/ET_m 的非线性关系无法解释；二是默认各阶段的缺水对产量的影响是相互独立的，而事实上若作物在某阶段受旱致死，则无法获得产量，加法模型的结果与此不符。而乘法模型以乘法形式反映各阶段缺水效应之间的联系以及各阶段缺水对最终产量影响程度的大小，克服了上述加法模型的缺陷。因此，国内学者们基本一致地选择乘法模型，尤其是 Jensen 模型。该模型的结构相较加法模型和其他乘法模型更为合理，能在一定程度上反映出各阶段缺水的相互作用，且模型参数易于求解。综上，本例选用 Jensen 模型，并基于题中的数据求解并优化其参数。

其中，Y_a 表示作物实际产量，Y_m 表示作物最大产量，ET_a 表示作物全生育期内实际需水量，ET_m 表示作物全生育期内最大需水量。

为便于 Jensen 模型中参数的求解与优化，首先需要对题中所示某地晚稻蒸发蒸腾量及产量的数据进行预处理。由题中的数据可知，Y_m=7138.5，记 Y_j 为处理号为 j 的试验组的产量，ET_{mi} 为充分灌溉时第 i 阶段晚稻的蒸发蒸腾量，ET_{ji} 为处理号为 j 的试验组第 i 阶段的蒸发蒸腾量。将 ET_{ji}/ET_{mi} 得到各处理号各阶段的相对腾发量，将 Y_j/Ym 得到各处理后的相对产量。

将 Jensen 模型应用于本题可得以下方程组：

$$\begin{cases} \dfrac{Y_1}{Y_m} = \left(\dfrac{ET_{11}}{ET_{m1}}\right)^{\lambda_1} \left(\dfrac{ET_{12}}{ET_{m2}}\right)^{\lambda_2} \cdots \left(\dfrac{ET_{1n}}{ET_{mn}}\right)^{\lambda_n} \\[3mm] \dfrac{Y_2}{Y_m} = \left(\dfrac{ET_{21}}{ET_{m1}}\right)^{\lambda_1} \left(\dfrac{ET_{12}}{ET_{m2}}\right)^{\lambda_2} \cdots \left(\dfrac{ET_{2n}}{ET_{mn}}\right)^{\lambda_n} \\[3mm] \vdots \\[3mm] \dfrac{Y_j}{Y_m} = \left(\dfrac{ET_{j1}}{ET_{m1}}\right)^{\lambda_1} \left(\dfrac{ET_{j2}}{ET_{m2}}\right)^{\lambda_2} \cdots \left(\dfrac{ET_{jn}}{ET_{mn}}\right)^{\lambda_n} \end{cases}$$

其中，n 表示作物生育阶段数，n=4；j 代表处理编号，最后一式中 j=11；λ_i 为作物第 i 阶段的敏感参数。基于最小二乘回归法，利用 MATLAB 软件编程即可求解 λ_i 的值。

按最小二乘回归法所得分阶段作物水分生产函数模型为：

$$\frac{Y_a}{Y_m} = \left(\frac{ET_{a1}}{ET_{m1}}\right)^{0.209} \left(\frac{ET_{a2}}{ET_{m2}}\right)^{0.7025} \left(\frac{ET_{a3}}{ET_{m3}}\right)^{0.2199} \left(\frac{ET_{a4}}{ET_{m4}}\right)^{0.1523}$$

第三节 相关分析数学模型

相关分析是研究变量间密切程度的一种常用统计方法。线性相关分析研究两个变量间线性关系的程度。相关系数是描述这种线性关系程度和方向的统计量，通常用 r 表示。如果一个变量 Y 可以确切地用另一个变量 X 得到线性函数表示，那么，两个变量间的相关系数是 +1 或者 -1。如果变量 Y 随着变量 X 的增、减而增、减，即变化的方向一致。例如身高与体重的关系，身高越高，体重相对也越大。这种相关关系称为正相关，其相关系数大于零。如果变量 Y 随着变量 X 的增加而减少，变化方向相反，这种相关关系称为负相关，其相关系数小于零。相关系数 r 没有单位，其值在 -1 ～ +1 之间。使用等间隔测度的变量 x 与 y 间的相关系数采用 Pearson 积矩相关，计算公式如下：

$$r, y = \frac{\sum_{i=1}^{n}(x_i - \bar{x})(y_i - \bar{y})}{\sqrt{\sum_{i=1}^{n}(x_i - \bar{x})^2(y_i - \bar{y})^2}}$$

其中：x 上有一横与 y 上有一横分别是变量 x 与 y 的均值，xi 与 yi 分别是变量 x 与 y 的第 i 个变量。

Spearman 和 Kendall 相关系数是一种非参测度。Spearman 相关系数是 Pearson 相关系数的非参形式，是根据数据的秩而不是根据实际值计算的。也就是说，先对原始变量的数据排秩，根据各秩使用 Pearson 相关系数公式进行计算。它适合有序数据或不满足正态分布假设的等间隔数据。相关系数的值范围也在 -1 ～ +1 之间，绝对值越大表明相关越强。对离散变量排序，变量 x 与 y 之间的 Spearman 相关系数计算公式如下：

Kendall's tau-b 也是一种对两个有序变量或两个秩变量间相关程度的测度，因此也属于一种非参测度。Kendall's tau-b 计算公式如下：

$$\tau = \frac{\sum_{i<j} \text{sgn}(x_i - x_j)\text{sgn}(y_i - y_j)}{\sqrt{\left(\frac{n(n-2)}{2} - \sum \frac{t_i(t_i-1)}{2}\right)\left(\frac{n(n-2)}{2} - \sum \frac{t_i(t_i-1)}{2}\right)}}$$

其中 t_i，μ_i 是 x 与 y 的第 i 组节点值的数目。

用偏相关分析计算偏相关系数。它描述的是在控制了一个或几个另外变量的影响条件下两个变量之间的相关性。例如，可以控制年龄和工作经验两个变量的影响，估计工资收入与受教育程度之间的相关关系。或者，可以在控制了销售能力与各种其他经济指标的情况下，研究销售量与广告费之间的关系等。

控制了变量 z，变量 x 与 y 之间的偏相关和控制了两个变量 Z_1，Z_2，变量 x 与 y 之间的偏相关系数计算公式分别为下面两个公式：

$$\begin{cases} r_{xy,z} = \dfrac{r_{xy} - r_{xz}r_{yz}}{\sqrt{(1-r^2_{xz})(1-r^2_{yz})}} \\ r_{xy,z_1z_2} = \dfrac{r_{xy,z_1} - r_{xz_2,z_1}r_{yz_2,z_1}}{\sqrt{(1-r^2_{xz_2,z_1})(1-r^2_{yz_2,z_1})}} \end{cases}$$

　　两个或者若干个变量之间或两组观测量之间的关系有时也可以用相似性或不相似性来描述。相似性测度用大数值表示相似，较小的数值表示相似性小。不相似性使用距离或不相似性来描述，大值表示相差甚远。

　　由于通常是通过抽样的方法，利用样本研究总体的特性。由于抽样误差的存在，即使样本中两个变量间相关系数不为零，也不能说明总体中这两个变量间的相关系数不是零，因此必须经过检验。检验的零假设是：总体中两个变量间的相关系数为零。SPSS 的相关分析过程给出了假设成立的概率。常用公式如下：

$$\begin{cases} t = \dfrac{\sqrt{n-2}}{\sqrt{1-r^2}}\,r \\ t = \dfrac{\sqrt{n-k-2}}{\sqrt{1-r^2}}\,r \end{cases}$$

　　公式一是 Pearson 和 Spearman 相关系数假设检验 t 值的计算公式。其中，r 是相关系数，n 是数据总量，n-2 是自由度。当 $p < 0.05$ 拒绝原假设，否则接受假设，总体量变量相关系数为零。

　　公式二是 Pearson 偏相关系数假设检验 t 值的计算公式。其中，r 是相应的偏相关系数，n 是数据总量，k 是控制变量数量，n-k-2 是自由度。当 $p < 0.05$ 拒绝原假设，否则接受假设，总体量变量相关系数为零。

　　在相关分析中，平时用得最多的就是二元变量的相关分析，它所研究的是两个现象变量之间的相关关系，这种关系称为单相关，即这种相关关系只涉及一个自变量和一个因变量。三个或三个以上现象变量之间的相关关系称为复相关。这种相关涉及一个因变量与两个以上的自变量。例如，同时研究亩产量与降雨量、施肥量、种植密度之间的关系就是复相关关系。在实际工作中，如果存在多个自变量与一个因变量的关系，可以抓住其中最主要的因素，研究其相关关系或将复相关转化为单相关问题进行研究。

　　由上可见，实际中二元变量的相关分析用得最为普遍。只要涉及相关分析，就少不了二元变量的相关分析，或者一些复杂的问题也可化简为二元变量的相关分析问题。因此，二元变量的相关分析广泛应用于自然科学和一些社会科学，如经济学、心理学、教育学等。因而，对读者而言掌握好这种基本又十分常用有效的方法是非常重要的。调用 Bivariate 过程命令时允许同时输入两个或两个以上变量，但系统输出的是变量间两两相关的相关系数。

　　下面通过例题，让大家对相关分析的具体应用以及如何使用 SPSS 解决相关分析问题有一个初步地了解。

　　例：火力发电机性能分析问题

　　火力发电机组由锅炉、汽轮机、发电机以及各种辅机设备组成，这些设备作为一个整体运转产生电能。锅炉加热产生水蒸气，推动汽轮机，由汽轮机带动发电机转子旋转切割磁力线产生电能。在发电过程中，由于各种设备都会产生能量损耗，导致发电的成本相应的提高。为了更好地调整机组运行状态，降低机组的能损，从而降低发电成本，希望能够比较清晰地掌握影响发电机组的发电效率的因素及其相互关系，从而能够指导生产。

　　火力发电机组的发电效率与机组的发电负荷率有直接的关系，一般说来，负荷率越高，机组的发电效率也就越高。而机组的带负荷能力是由机组运行的各项指标决定，通过调整机组运行的各项指标可使其到达一定的负荷状态。

影响机组运行的指标主要有主汽压力、主汽温度、再热汽压、再热汽温度、真空度、给水温度、含氧量和进风温度。主汽压力和主汽温度是指推动汽轮机的主蒸汽压力和温度，主蒸汽在推动汽轮机做功后形成再热汽，重新回到锅炉进行加热加压。再热汽重新加热之前的温度和气压也是影响机组运行的重要因素。

当然，由于影响机组带负荷能力的各项指标之间存在着一定的影响关系，调整其中某一个指标会导致其他指标的变化，因此调整机组运行状态就变成了在各项运行指标之间寻求一种平衡。因此，如果能够找到各项运行指标之间的关系，并给出机组的发电成本与各项运行指标之间的关系，将会提高机组运行效率，降低发电成本。

讨论影响机组运行效率的指标由大到小依次是什么？影响发电成本的指标由大到小依次是什么？以及各指标之间的内在关系如何？

解题思路

题中要求分析影响发电机组最重要的因素。计算相关系数有不同的方法，不同相关系数的计算如下：（1）Pearson 相关系数：度量两个变量之间的线性相关程度。相关系数前面的符号表征相关关系的方向，其绝对值大小表示相关程度，相关系数越大，则相关性越强。（2）Kendall's tau-b 偏秩相关系数：适用于度量等级变量或秩变量相关性的一种非参数度量。（3）Spearman 秩相关系数：是 Pearson 相关系数的非参数版本，主要基于数据的秩而不是数据的值本身，适用于等级数据和不满足正态假定的等间隔数据。

从菜单 Analyze → Correlate → Bivariate，打开双变量相关分析主对话框（"Bivariate Correlations"）。在左侧的源变量栏中选择 $x_1 \sim x_{10}$ 进入变量栏（Variables）其余使用系统默认值，单击 OK 按钮运行程序。

再来详细地研究二元变量相关分析的 SPSS 过程，由示例可以看出对于一个二元变量相关分析的 SPSS 过程，主要包括以下三个步骤：

1. 建立或调用数据文件：在 SPSS 的数据编辑器中录入数据并加以保存即可，或者打开已存在的数据文件（后缀名为 .sav）。

2. 选择分析变量、选择项、提交运行：从菜单 Analyze- > Correlate- > Bivariate，展开双变量相关分析主对话框 Bivariate Correlations。在对话框中选中左边变量表中欲用于相关分析的变量，然后鼠标点击位于左右变量表之间的向右箭头按钮，或者直接双击所选中的变量，将选择的变量移入 Variables 变量表中。若其他的选择项采用系统默认值，则可点击右上角的 OK 按钮，运行此相关分析过程。从主对话框可以看出，将相关系数 Correlation Coefficients 系统默认为 Pearson，即皮尔逊相关，只有等间距测度的变量才使用这种相关分析。对于显著性检验 Test of Significance 系统默认为双尾 T 检验 Two-Tailed，该检验要求显示实际的显著性水平。对于二元变量相关分析的选择项主要有两类的选择项：一类为在主对话框中的选择项；另一类为 Options 对话框中的选择项。

（1）主对话框中的选择项

分析方法选择项：主对话框中有三种相关系数，对应于三种分析方法：

Pearson 相关复选项：积差相关，计算连续变量或是等间距测度的变量间的相关分析。

Kendall 复选项：等级相关，计算分类变量间的秩相关。

Spearman 复选项：等级相关，计算 Spearman 相关。

对于非等间距测度的连续变量，因为分布不明可以使用等级相关分析，也可以使用Pearson 相关分析；对于完全等级的离散变量，必须使用等级相关分析；当资料不服从双变量正态分布或总体分布型未知或原始数据使用等级表示时，宜用 Spearman 或 Kendall 相关。

选择显著性检验类型：Two-tailed 双尾检验选项，当事先不知道相关方向时选择此项；One-tailed 单尾检验选项，如果事先知道相关方向可以选择此项；Flag significant Correlations 复选项，如果选中此项，输出结果中在相关系数数值右上方使用 "*" 表示显著水平为 5%，用 "**" 表示其显著水平为 1%。

（2）Options 对话框中的选择项

在主对话框的右下角有一个 Options 按钮单击它便进入 Options 对话框。

统计量选择项：在 Statistics 栏中有两个有关统计量的选择项。只有在主对话框中选择 Pearson 相关分析方法时，才可以选择这两个选择项。选择了这些项在输出结果中就会得到样本的相应的统计量数值。它们是：Means and standard deviations 为均值与标准差复选项；Cross-product deviations and covariances 为叉积离差阵和协方差阵复选项。

缺失值处理方法选择项：在 Missing Values 栏中有两个关于缺失值处理方法的选择项；Exclude cases listwise 选项，仅剔除正在参与计算的两个变量值是缺失值的观测量。这样在多元相关分析或多对两两相关分析中，有可能相关系数矩阵中的相关系数是根据不同数量的观测量计算出来的；Exclude cases listwise 选项，剔除在主对话框中 Variables 矩形框中列出的变量带有缺失值的所有观测量。这样计算出来的相关系数矩阵，每个相关系数都是依据相同数量的观测量计算出来的。

3. 输出结果和解释结果：对于输出结果显示的数值意义如下。

（1）第一行中的数值是行变量与列变量的相关系数矩阵。行、列变量相同的相关系数自然为 1。

（2）第二行中的数值是相关系数为零的假设成立的概率。

（3）第三行中的数值是参与该相关系数计算的观测量数目，即数据文件上数据的对数。对计算结果的解释主要是考察 0 假设检验是否成立。当 P 小于 1% 或 5% 时（相关系数数值右上方使用 "*" 表示显著水平为 5%；用 "**" 表示其显著水平为 1%），则应拒绝相关系数为 0 的假设，可以认为两个变量之间是相关的。

第四节　方差分析数学模型

方差分析（Analysis of variance，简称 ANOVA）为资料分析中常见的统计模型，主要为探讨连续型（Continuous）资料形态之因变量（Dependent variable）与类别型资料形态之自变量（Independent variable）的关系，在自变量的因子中包含等于或超过三个类别情况下，检定其各类别间平均数是否相等的统计模式，广义上可将 T 检验中变异数相等（Equality of variance）的合并 T 检验（Pooled T-test）视为方差分析的一种，基于 T 检验为分析两组平均数是否相等，并且采用相同的计算概念，而实际上当方差分析套用在合并 T 检验的分析上时，产生的 F 值则会等于 T 检验的平方项。

方差分析是用于两个及两个以上样本均数差别的显著性检验。由于各种因素的影响，研究所得的数据呈现波动状。造成波动的原因可分成两类：一类是不可控的随机因素，另一类是研究中施加的对结果形成影响的可控因素。

方差分析的基本思想是：通过分析研究不同来源的变异对总变异的贡献大小，从而确定可控因素对研究结果影响力的大小。通过分析研究中不同来源的变异对总变异的贡献大小，从而确定可控因素对研究结果影响力的大小。

方差分析的基本原理是认为不同处理组的均数间的差别基本来源有两个：（1）随机误差，如测量误差造成的差异或个体间的差异，称为组内差异。用变量在各组的均值与该组内变量值之偏差平方和的总和表示，记作 L_n。（2）实验条件，即不同的处理造成的差异，称为组间差异。用变量在各组的均值与总均值之偏差平方和表示，记作 L_m。

组内差异 L_n、组间差异 L_m 除以各自的自由度得到其均方 MSn 和 MSm，一种情况是处理没有作用，即各组样本均来自同一总体，此时，$MSn/MSm \approx 1$。另一种情况是处理确实有作用，组间均方是由于误差与不同处理共同导致的结果，即各样本来自不同总体。那么，组间均方会远远大于组内均方，$MSn \gg MSm$。

MSn/MSm 比值构成 F 分布。用 F 值与其临界值比较，推断各样本是否来自相同的总体。假设有 m 个样本如果原假设 H_0 样本均数都相同，即 $\mu_1 = \mu_2 = \cdots = \mu_m = \mu$，则 m 个样本有相同的 σ_2，则 m 个样本，来自具有共同的方差 σ_2 和相同的均数 μ 的总体。如果经过计算组间均方远远大于组内均方，即 $F > F(0.05)$，则 $p < 0.05$，推翻原假设，说明样本来自不同的正态总体，即处理造成均值的差异，有统计意义。否则，$F < F(0.05)$，则 $p > 0.05$，承认原假设样本来自相同总体，即处理无作用。

例：广告投放地点分析

某集团为了研究商品销售地点的地理位置、销售点处的广告和销售点的装潢这三个因素对商品销售的影响程度，选了三个位置（如市中心黄金地段、非中心地段、城市郊区），两种广告形式，两种装潢档次在四个城市进行了搭配试验。

用 A_1，A_2，A_3 表示三个位置，B_1，B_2 代表两种广告形式，C_1，C_2 表示两种装潢档次，对这三个因素各个水平的每种进行组合。

那么，哪种组合对销售影响最显著，即何种组合对增加销售效果最好，位置、广告形式和装潢档次这三个因素哪一个对销售影响最大？

解题思路

这是一个三因素交互对结果起作用的问题，可以用三因素方差分析来解决。上述一类问题可以概括为：设影响某试验结果的因素有三个：A、B、C，其中 A 因素上有 r 个水平，B 因素上有 s 个水平，C 因素上有 t 个水平。

在每个组合水平 $A_i B_j C_k$ 上重复试验 g 次，得到观测值 X_{ijkl}，并假设 $X_{ijkl} \sim N(\mu_{ijk}, \sigma^2)$，且 X_{ijkl} 相互独立。现在要利用观测值判定三因素及其交互作用对观测现象是否有显著的影响效果。利用数理统计中的 Cochran 分解定理和假设检验的理论。

按照三元方差分析计算结果中所得到的结论，查 F 值临界表：$F_{0.05}(2, 36) < F_A$，$F_{0.05}(1, 36) < F_B$，$F_{0.05}(1, 36) < F_C$。这说明销售点的位置对销售量的影响显著，广告形式对销售量的影响显著，装潢档次对销售量的影响显著。

因为 $F_{0.05}(2, 36) < F_{AB}$，$F_{0.05}(2, 36) > F_{AC}$，$F_{0.05}(1, 36) > F_{BC}$，这说明销售点的位置和广告形式的组合对销售的交互影响显著，而销售点的位置、广告形式与装潢档次的组合对销售量的交互影响不显著。

因为 $F_{0.05}(4, 12) < F_{ABC}$，这说明销售点的位置、广告形式、装潢档次三个因素对销售量的交互作用显著，值得注意的是这个影响并不是三个因素各自影响的简单叠加，而是由各个因素共同作用所产生的共鸣效应。

虽然上例是一个多因素方差分析问题，从中也可以学到单因素方差分析的方法。而在进行方差分析过程中，可以借助 SPSS 提供的方差分析过程有：

1.One-Way ANOVA 过程：One-Way ANOVA 过程是单因素简单方差分析过程。它在菜单 Analyze 中的 Compare Means 过程组中。可以进行单因素方差分析、均值多重比较和相对比较。

2.General Linear Model（GLM）过程：GLM 过程由 Analyze 菜单直接调用。这些过程可以完成简单的多因素方差分析和协方差分析，不仅可以分析各因素的主效应，还可以分析各因素间的交互效应。该过程允许指定最高阶次的交互效应，建立包括所有效应的模型。如果想在模型中包括某些特定的交互效应的模型，就要用到该过程。GLM 过程属于专业统计和高级统计分析过程。在安装时显示的 SPSS 过程表中处于 Adv.stats 组中。如果没有安装这组统计过程，则在 Analyze 菜单中不会显示相应的调用菜单。General Liner Model 过程可调用四个命令，分别完成不同的分析任务。这四个命令均在主菜单 Analyze 的子菜单 General Linear Models 中。它们的主要功能分别是：

（1）Univariate 命令

Univariate 命令调用 GLM 过程完成一般的单因变量的多因素方差分析。可以指定协变量，即进行协方差分析。在指定模型方面有较大的灵活性并可以提供大量的统计输出。例如：如果以公司四个部门中的两个级别的职工为观察对象，研究生产率刺激机制，可以设计一个因子实验以便检验感兴趣的假设。由于在新刺激机制引入之前的原生产率可能对新刺激机制引入之后的生产率的比较产生很大影响，可以把原生产率作为协变量进行协方差分析。如果想看看协变量效应对两个级别的职工来说是否相同，也可以使用 Univariate 菜单项调用 GLM 过程进行分析。

（2）Multivariate 命令

Multivariate 命令调用 GLM 过程进行多因变量的多因素方差分析。当研究的问题具有两个或两个以上相关的因变量时，要研究一个或几个因变量与因变量集之间的关系时，才可以选用 Multivariate 菜单项调用 GLM 过程。例如，当你研究数学物理的考试成绩是否与教学方法、学生性别，以及方法与性别的交互作用有关时，可以使用此菜单项。如果只有几个不相关的因变量或只有一个因变量，应该使用 Univariate 菜单项调用 GLM 过程。

（3）Repeated Measures 命令

Repeated Measures 命令调用 GLM 过程进行重复测量方差分析。当一个因变量在同一课题中在不止一种条件下进行测度，要检验有关因变量均值的假设应该使用该过程。

（4）Variance Components 命令

Variance Components 命令调用 GLM 过程进行方差估计分析。通过计算方差估计值可以帮助我们分析如何减小方差。

第五节　思　考

1．"民以食为天"，食品安全关系到千家万户的生活与健康。随着人们对生活质量的追求和安全意识的提高，食品安全已成为社会关注的热点，也是政府民生工程的一个主题。一方面，城市食品的来源越来越广泛，人们在加工好的食品上的消费比例也越来越高，因此除食材的生产收获外，食品的运输、加工、包装、贮存、销售以及餐饮等每一个环节皆可能影响食品的质量与安全；另一方面，食品质量与安全又是一个专业性很强的问题，其标准的制定和抽样检测及评价都需要科学有效的方法。深圳是我国食品抽检、监督最统一、最规范、最公开的城市之一。请下载 2010 年、2011 年和 2012 年深圳市的食品抽检数据（注意蔬菜、鱼类、鸡鸭等抽检数据的获取），并根据这些资料来讨论：

如何评价深圳市这三年各主要食品领域微生物、重金属、添加剂含量等安全情况的变化趋势；从这些数据中能否找出某些规律性的东西：如食品产地与食品质量的关系；食品销售地点（即抽检地点）与食品质量的关系；季节因素；等等。

能否改进食品抽检的办法，使之更科学更有效地反映食品质量状况且不过分增加监管成本（食品抽检是需要费用的），例如对于抽检结果稳定且抽检频次过高的食品领域该做怎样的调整？

点击首页中间的食品安全监管（专题专栏）；点击食品安全监管菜单；点击监督抽查。

2. 人类将拥有一本记录着自身生老病死及遗传进化的全部信息的"天书"。这本大自然写成的"天书"是由 4 个字符 A、T、C、G 按一定顺序排成的长约 30 亿的序列，其中没有"断句"也没有标点符号，除了这 4 个字符表示 4 种碱基以外，人们对它包含的"内容"知之甚少，难以读懂。破译这部世界上最巨量信息的"天书"是 21 世纪最重要的任务之一。在这个目标中，研究 DNA 全序列具有什么结构，由这 4 个字符排成的看似随机的序列中隐藏着什么规律，这又是解读这部天书的基础，是生物信息学（Bioinformatics）最重要的课题之一。

虽然人类对这部"天书"知之甚少，但也发现了 DNA 序列中的一些规律性和结构。例如，在全序列中有一些是用于编码蛋白质的序列片段，即由这 4 个字符组成的 64 种不同的 3 字符串，其中大多数用于编码构成蛋白质的 20 种氨基酸。又如，在不用于编码蛋白质的序列片段中，A 和 T 的含量特别多些，于是以某些碱基特别丰富作为特征去研究 DNA 序列的结构也取得了一些成果。此外，利用统计的方法还发现序列的某些片段之间具有相关性，等等。这些发现让人们相信，DNA 序列中存在着局部的和全局性的结构，充分发掘序列的结构对理解 DNA 全序列是十分有意义的。目前在这项研究中最普通的思想是省略序列的某些细节，突出特征，然后将其表示成适当的数学对象。这种被称为粗粒化和模型化的方法往往有助于研究其规律性和结构。

作为研究 DNA 序列的结构的尝试，提出以下对序列集合进行分类的问题：（1）下面有 20 个已知类别的人工制造的序列，其中序列标号 1—10 为 A 类，11—20 为 B 类。请从中提取特征，构造分类方法，并用这些已知类别的序列，衡量你的方法是否足够好。然后用你认为满意的方法，对另外 20 个未标明类别的人工序列（标号 21—40）进行分类，把结果用序号（按从小到大的顺序）标明它们的类别（无法分类的不写入）：A 类、B 类。请详细描述你的方法，给出计算程序。如果你部分地使用了现成的分类方法，也要将方法名称准确注明。这 40 个序列也放在如下地址的网页上，用数据文件 Art-model-data 标识，供下载：http：//m cm.edu.cn。（2）在同样网址的数据文件 Nat-model-data 中给出了 182 个自然 DNA 序列，它们都较长。用你的分类方法对它们进行分类，像（1）一样地给出分类结果。

3. 如今使用天然气的人越来越多，作为天然气的供应商如何向用户供气，即如何使用户之间连接成一个树形网络是很重要的。一般来说，我们假设任意两个用户之间存在直线道相连，但是在连接过程中，有些区域是必须绕开的，这些必须绕开的区域我们称为障碍区域。表 9-28 给出了若干个可能的用户的地址的横纵坐标，可能的用户的含义是：如果用户的地址不在障碍区域内，那么该用户就是有效用户（即需要使用天然气的用户），如果用户的地址在障碍区域内，那么该用户就是无效用户（即不要将该用户连接在网络中）。请您判定哪些用户为有效用户。

参考文献

[1] 邱锐,许建强,徐宗玮,何莉莉.应用型院校研究生学科竞赛的组织体系架构研究[J].创新创业理论研究与实践,2022,5(03):144-147.

[2] 张新宇,张军,吴国荣,贾子君.基于数学建模思想构建概率论与数理统计课程的知识结构[J].高师理科学刊,2020,40(07):58-62.

[3] 郑薇,李妮,董慧.数学建模思想在数学课堂教学中的应用研究[J].科技风,2020(19):63.

[4] 李鹤.高校数学建模理论在茶叶经济效益分析中的应用[J].福建茶叶,2020,42(06):64-65.

[5] 盛宝怀,刘焕香.学科竞赛融入应用统计学专业理论教学的"五课一能"课程体系构建[J].高教学刊,2019(13):106-108.

[6] 林子植,胡典顺.基于SOLO理论的高中生数学建模素养评价模型建构与应用[J].教育测量与评价,2019(05):32-38.

[7] 武建新.数学建模理论与茶叶经济效益的融合与应用分析[J].福建茶叶,2018,40(12):481.

[8] 姚杰.博弈论在数学建模中的简单应用[J].纳税,2018(12):229+231.

[9] 鄢丹.教学理论和方法在教学实践中的应用研究——以高校数学建模课程为例[J].高教学刊,2016(19):64-65.DOI:10.19980/j.cn23-1593/g4.2016.19.028.

[10] 董晴.对高等数学建模最优化理论的探究[J].科技资讯,2015,13(25):236-237.

[11] 包树新,卢树强,展丙军,王冲.高等数学教学中融入建模思想的实践与认识[J].黑河学院学报,2015,6(03):66-68.

[12] 刘欣.高职数学与数学建模相结合的应用研讨[J].佳木斯职业学院学报,2015(04):283+286.

[13] 陈朝辉.探索数学建模活动对应用型人才创新实践能力的培养[J].黑龙江教育(理论与实践),2015(01):73-74.

[14] 臧睿,隋振璋,张春蕊,曲智林,孙宏霞.TRIZ理论在数学建模中的应用探析[J].林区教学,2014(07):69-70.

[15] 胡桂华.加强高等数学的应用教学 提高独立学院高等数学教学质量[J].教育教学论坛,2013(28):53-54.

[16] 思嘉伟.略论应用数学建模思想[J].赤峰学院学报(自然科学版),2013,29(02):17-18.

[17] 毕晓华,许钧.将数学建模思想融入应用型本科数学教学初探[J].教育与职业,2011(09):113-114.